新型职业农民培育系列教材

U0348158

家禽规模养殖与养殖场经营

◎ 赵吉金　张会文　李红斌　主编

中国农业科学技术出版社

图书在版编目（CIP）数据

家禽规模养殖与养殖场经营／赵吉金，张会文，李红斌
主编．—北京：中国农业科学技术出版社，2017.8
　ISBN 978-7-5116-3218-0

　Ⅰ.①家…　Ⅱ.①赵…②张…③李…　Ⅲ.①家禽-饲养管理
②家禽-养殖场-经营管理　Ⅳ.①S83

中国版本图书馆 CIP 数据核字（2017）第 190871 号

责任编辑	白姗姗
责任校对	贾海霞

出 版 者	中国农业科学技术出版社
	北京市中关村南大街 12 号　邮编：100081
电　　话	（010）82106638（编辑室）　（010）82109702（发行部）
	（010）82109709（读者服务部）
传　　真	（010）82106650
网　　址	http://www.castp.cn
经 销 者	各地新华书店
印 刷 者	北京建宏印刷有限公司
开　　本	850mm×1 168mm　1/32
印　　张	7
字　　数	169 千字
版　　次	2017 年 8 月第 1 版　2020 年 1 月第 3 次印刷
定　　价	32.00 元

前　言

我国家禽养殖业历史悠久，在经历了近年的快速发展后，产品相对丰富，现已进入调整期。现阶段，我国的家禽养殖以小规模大群体为主，而规模化、现代化养殖正在迅速兴起并占有越来越大的比重。未来，我国家禽养殖业的发展趋势必然是走适度规模化、现代化之路。

我国家禽养殖业发展的趋势主要表现为：饲养规模越来越适度，大型家禽场越来越多；饲养装备越来越先进，家禽场现代化程度越来越高；产品质量越来越高，各种品牌大批涌现；加工出口比例越来越大，鲜蛋及蛋加工制品出口增多。

本书共9章，包括规模化禽场建设、规模化家禽孵化、规模化家禽饲料的配制、规模化鸡养殖技术、规模化鸭养殖技术、规模化鹅养殖技术、家禽保健、家禽传染病防控技术、家禽场的经营与管理等内容。

由于编者水平所限，加之时间仓促，书中不尽如人意之处在所难免，恳切希望广大读者和同行不吝指正。

编　者
2017 年 7 月

目　　录

第一章　规模化禽场建设

第一节　场址选择

一、养鸡场场址选择

养鸡场的建设首先要根据鸡场的性质和任务以及所要达到的目标正确选择场址。所谓选址就是在场址决定前对拟建场地做好自然条件和社会条件的调查研究。场址的选择是否科学合理，对鸡场的建设投资、鸡群的生产性能及健康水平、生产成本及效益、场内环境卫生及禽场周围环境卫生的控制等都会产生深远的影响。

（一）自然条件

1. 地势地形

鸡场的场址应选择在地势较高、平坦干燥、向阳背风和排水良好的地方，这样有利于鸡舍的保暖、采光、通风和干燥。低洼、泥泞的地势，易使鸡舍潮湿，不利于鸡群的防疫。平原地区一般场地比较平坦、开阔，场址应选择在较周围地段稍高的地方，以利排水。在靠近河流、湖泊地区的场地，应比当地最高水位高 1~2m；山区建场应选在稍平的缓坡，坡面向阳，鸡场总坡度不超过 25%，建筑区坡度应在 2.5% 以内。地势力求平整，场地开阔，尽量减少线路与管道，尽可能不占或少占耕地。

2. 土壤

养鸡场场地的土壤情况对鸡群有很大的影响。按照土壤的分类及各类土壤的特点，鸡场的土壤以过去未曾被传染病或寄生虫病病原体所污染的沙壤土或壤土为宜。这种土壤排水良好，导热性较差，微生物不易繁殖，合乎卫生要求。

3. 水源

要求水源充足，水质良好。要了解水源的情况，如地面水的流量、汛期水位，地下水的初见水位和最高水位。水质情况要了解酸碱度、硬度、透明度，有无污染源和有害化学物质等。如果条件允许，养鸡场可以选择城镇集中式供水系统作为本场的水源。如没有可能使用城镇自来水，则必须寻找理想的水源，做到"不见水，不建场"。

（二）社会条件

鸡场场址的选择必须遵循社会公共卫生准则，使鸡场不致成为周围环境的污染源，同时也要注意不受周围环境的污染。因此，应注意场址附近不应有大型污染环境的化工厂、重工业厂矿或排放有毒物质和气体的染化厂等。场址不要靠近城镇和居民区，养鸡场与附近居民点的距离一般需在500m以上；大型鸡场需在1 500m以上；种鸡场与居民区的距离应更远一些。养鸡场应处在居民点的下风向和居民水源的下游。养鸡场应设在环境比较安静且卫生的地方，其位置应选择交通方便、接近公路、靠近产品销售地和饲料产地。一般地说，养鸡场与主要公路的距离应在300m以上，距次要公路100~150m。养鸡场要求修建专用道路与公路相连。选择场址时还应注意供电条件，特别是集约化程度较高的大型鸡场，必须具备可靠的电力供应。另外，还应重视使鸡场尽量靠近集中式供水系统和邮电通信等公共设施，以便保障供水质量及对外联系。

二、水禽场场址选择

水禽主要包括鸭、鹅，水禽场址的选择是否得当，不仅关系到鸭、鹅能否正常生长发育和生产性能能否充分发挥，而且也影响到饲养管理工作及经济效益，因此，必须在养水禽之前做好周密计划，选择最合适的地点建场。

选择场址的要求主要有以下 5 个方面。

（一）濒临水源

水源是水禽活动、洗浴和交配的重要场所，因此，应尽量利用天然水域，靠近湖泊、池塘、沟港、河流等水域。水面尽量宽阔，水深 1~1.5m，以流动水源最为理想，岸边有一定坡度，供水禽自由上下活动。周围缺水的禽舍可建造人工水池或水旱圈，其宽度与水禽舍的宽度应相同。

（二）地势稍高

水禽有 2/3 的时间在陆地活动，因此在水源附近要有沙质土壤、土层柔软、弹性大的陆上运动场。土壤要有良好的透气性和透水性，以保证场地干燥。禽舍内也要保持干燥，不能潮湿，更不能被水淹，因此鸭、鹅舍场地应稍高些，略向水面倾斜，至少要有 5°~10°的小坡度，以利排水。

（三）水源方便水质好

要求水质良好、水源充足。水禽需水量大，故不论是地面水还是地下水，在任何情况下都应确保用水。水源应无污染，水禽场附近无屠宰场、化工厂、农药厂等污染源，距离居民点1 000m 以上，尽可能保持水质干净。

（四）交通方便

为便于饲料和水禽产品的运输，场址要与物资集散地相距近一些，与公路、铁路或水路相通，但要避开交通要道，以利防疫卫生和保持环境安静。

（五）朝向适宜

场址位于河、渠水源的北坡，坡度朝南或东南，室外运动场和水上运动场在水禽舍南面，舍门朝向南或东南。这样的禽舍采光良好，而且冬暖夏凉，有利于提高水禽生产性能。

第二节 禽舍的设计与建造

一、禽舍的类型

（一）开放式

开放式是指舍内与外部直接相通，可利用光、热、风等自然能源，建筑投资低，但易受外界不良气候的影响，需要投入较多的人工进行调节，主要有以下 3 种形式。

（1）全敞开式。又称棚式，即四周无墙壁，用网、篱笆或塑料编织物与外部隔开，由立柱或砖条支撑房顶。这种禽舍通风效果好，但防暑、防雨、防风效果差，低温季节须封闭保温；以自然通风为主，必要时辅以机械通风；采用自然光照；具有防热容易保温难和基建投资运行费用少的特点。

一般情况下，全敞开式家禽舍多建于南方地区，夏季温度高，湿度大，冬季也不太冷。此外，也可以作为其他地区季节性的简易家禽舍。

（2）半敞开式。前墙和后墙上部敞开，一般敞开 1/2 ~ 2/3，敞开的面积取决于气候条件及家禽舍类型，敞开部分可以装上卷帘，高温季节便于通风，低温季节封闭保温。

（3）有窗式。四周用围墙封闭，南北两侧墙上设窗户。

在气候温和的季节依靠自然通风，不必开动风机；在气候不利的情况下则关闭南北两侧墙上大窗，开启一侧山墙的进风口，并开动另一侧山墙上的风机进行纵向通风。该种禽舍既能充分利用阳光和自然通风，又能在恶劣的气候条件下实现人工调控室内环境，在通风形式上实现了横向、纵向通风相结合，因此兼备了开放式与密闭式禽舍的双重特点。

（二）密闭式

一般无窗与外界隔离，屋顶与四壁保温良好，通过各种设备控制与调节作用，使舍内小气候适宜于家禽生理需要，减少了自然界严寒、酷暑、狂风、暴雨等不利因素对家禽的影响。但建筑和设备投资高，对电的依赖性很大，对饲养管理的技术要求高，需要慎重考虑当地的条件而选用。由于密闭舍具有防寒容易防热难的特点，一般适用于我国北方寒冷地区。

在控制禽舍小气候方面，有两个发展趋势：一是采用组装式禽舍，即禽舍的墙壁和门窗是活动的，天热时可局部或全部取下，使禽舍成为全敞开或半敞开式，冬季则组装起来，成为密闭式；二是采用环境控制式禽舍，就是在密闭式禽舍内，完全靠人为的方法来调节小气候。随着集约化畜牧业的发展，环境控制式禽舍越来越多，设备也越来越先进，舍内的温度、湿度、气流、光照等，都是用人工的方法控制在适宜范围内。

二、鸡舍结构设计

（一）鸡舍外形结构的设计

1. 鸡舍的跨度、长度和高度

鸡舍的跨度根据鸡舍屋顶的形式以及鸡舍类型和饲养方式而定。一般跨度为：开放式鸡舍 6~10m，采用机械通风的跨度可在 9~12m。笼养鸡舍要根据安装列数和走道宽度来决定鸡舍的跨度。

鸡舍的长度取决于设计容量，应根据每栋鸡舍具体需要的面积与跨度来确定。大型机械化生产鸡舍较长，过短了则效率较低，房舍利用也不经济，按建筑模数一般为 66m、90m、120m；中小型普通鸡舍为 36m、48m、54m，计算鸡舍长度的公式如下。

平养鸡舍长度＝鸡舍面积／鸡舍跨度

鸡舍的高度应根据饲养方式、清粪方法、跨度与气候条件而定。跨度不大、平养及不太热的地区，鸡舍不必太高，一般鸡舍屋檐高度 2.0~2.5m；跨度大，又是多层笼养，鸡舍的高度为 3m 左右，或者以最上层的鸡笼距屋顶 1~1.5m 为宜；若为高床密闭式鸡舍，由于下部设粪坑，高度一般为 4.5~5m（比一般鸡舍高出 1.8~2m）。

2. 地面

鸡舍地面应高出舍外地面 0.3~0.5m，表面坚固无缝隙，多采用混凝土铺平，易于洗刷消毒、保持干燥。笼养鸡舍地面设有浅粪沟，比地面深 15~20cm。为了有利于舍内清洗消毒时的排水，中间地面与两边地面之间应有一定的坡度。

3. 墙壁

选用隔热性能良好的材料，保证最好的隔热设计，应具有一定的厚度且严密无缝。多用砖或石头垒砌，墙外面用水泥抹缝，墙内面用水泥或白灰挂面，以便防潮和利于冲刷。

4. 屋顶

屋顶必须有较好的保温隔热性能。此外，屋顶还要求承重、防水、防火、不透气、光滑、耐久、结构轻便、简单、造价低。小跨度鸡舍为单坡式，一般鸡舍常用双坡式、拱形或平顶式。在气温高、雨量大的地区屋顶坡度要大一些，屋顶两侧加长房檐。

5. 门窗

鸡舍的门宽应考虑所有设施和工作车辆都能顺利进出。一般单扇门高 2m、宽 1.2m；双扇门高 2m、宽 1.8m。

鸡舍的窗户要考虑鸡舍的采光和通风，窗户与地面面积之比为 1 ：（10～18）。开放式鸡舍的前窗应宽大，离地面可较低，以便于采光，后窗应小，约为前窗面积的 2/3，离地面可较高，以利夏季通风、冬季保温。网上或栅状地面养鸡，在南北墙的下部应留有通风窗，尺寸为 30cm×30cm，在内侧覆以铁丝网和设外开的小门，以防兽害和便于冬季关闭。密闭鸡舍不设窗户，只设应急窗和通风进出气孔。

（二）鸡舍内布局设计

1. 平养鸡舍

根据走道与饲养区的布置形式，平养鸡舍分无走道式、单走道单列式、中走道双列式、双走道双列式等。

（1）无走道式。鸡舍长度由饲养密度和饲养定额来确定；跨度没有限制，跨度在 6m 以内设一台喂料器，12m 左右设两台喂料器。鸡舍一端设置工作间，工作间与饲养间用墙隔开，饲养间另一端设出粪和鸡转运大门。

（2）单走道单列式。多将走道设在北侧，有的南侧还设运动场，主要用于种鸡饲养，但利用率较低，受喂饲宽度和集蛋操作长度限制，建筑跨度不大。

（3）中走道双列式。两列饲养区设走道，利用率较高，比较经济。但如只用一台链式喂料机，存在走道和链板交叉问题；若为网上平养，必须用两套喂料设备。此外，对有窗鸡舍，开窗困难。

（4）双走道双列式。在鸡舍南北两侧各设一走道，配置一套饲喂设备和一套清粪设备即可，利于开窗。

2. 笼养鸡舍

根据笼架配置和排列方式上的差异，笼养鸡舍的平面布置分为无走道式和有走道式两大类。

（1）无走道式。一般用于平置笼养鸡舍，把鸡笼分布在同一平面上，两个鸡笼相对布置成一组，合用一条食槽、水槽和集蛋带。通过纵向和横向水平集蛋机定时集蛋；由笼架上的行车完成给料、观察和捉鸡等工作。其优点是鸡舍面积利用充分，鸡群环境条件差异不大。

（2）有走道式平置式。有走道布置时，鸡笼悬挂在支撑屋架的立柱上，并布置在同一平面，笼间设走道作为机具给料、人工捡蛋之用。二列三走道仅布置两列鸡笼架，靠两侧纵墙和中间共设三个走道，适用于阶梯式、叠层式和混合式笼养。三列二走道一般在中间布置三阶梯或二阶梯全笼架，靠两侧纵墙布置阶梯式半笼架。三列四走道布置三列鸡笼架，设四条走道，是较为常用的布置方式，建筑跨度适中。

（三）鸡舍的述筑方式设计

鸡舍建筑方式有砌筑型和装配型两种。砌筑型常用砖瓦或其他建筑材料。装配型鸡舍使用的复合板块材料有多种，房舍面层有金属镀锌板、玻璃钢板、铝合金、耐用瓦面板；保温层有聚氨酯、聚苯乙烯等高分子发泡塑料，以及岩棉、矿渣棉、纤维材料等。

第二章　规模化家禽孵化

第一节　种蛋管理

一、蛋的构造及形成过程

(一) 蛋的构造

蛋的构造包括蛋壳、蛋白、蛋黄，以及胶护膜、蛋壳膜、气室、系带等（图2-1）。

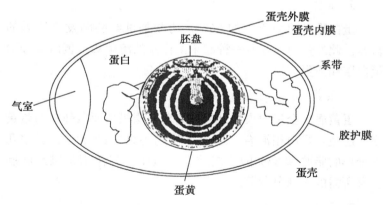

图2-1　受精蛋结构

1. 胶护膜

蛋壳的外面有一层胶护膜，封闭着蛋壳上的微孔，具有阻滞蛋内水分的蒸发和阻止外界微生物侵入的作用。随着贮存时间的延长而逐渐脱掉。

2. 蛋壳

蛋壳一般厚度为 0.2~0.4mm，起着保存蛋黄和蛋白及固定蛋形的作用。蛋壳上布满了气孔，蛋壳重约为蛋重的 11%。

3. 蛋壳膜

蛋壳与蛋白之间有两层网状结构的角蛋白膜，贴近蛋壳的那层膜称为蛋壳膜或外壳膜；包于蛋白外面的比较薄的那层称蛋白膜或内壳膜。可透气和防止微生物进入蛋白。

4. 气室

气室的位置在蛋的钝端，随着放置时间的延长，蛋内水分散失越多，气室也随之增大。所以禽蛋的新鲜程度，可由气室体积的大小判别。

5. 蛋白

蛋白重量约为蛋重的 56%，功能是供给胚胎发育所需的营养，此外蛋白还具有一种起杀菌作用的溶菌酶。蛋白又分稀蛋白层和浓蛋白层。

6. 蛋黄

蛋黄居于全蛋中央，外面包裹着一层极薄而富弹性的蛋黄膜，避免与蛋白相混合。蛋黄重量约为蛋重的 33%，蛋中几乎全部的脂肪和 53%的蛋白质在蛋黄中，其作用是供给胚胎发育所需的大部分营养。

7. 系带

蛋黄两端各连着一条由蛋白凝成的系带，其作用是固定蛋黄位置。如蛋放置时间过长，系带会变细并与蛋黄脱离，直至溶解而消失。

8. 胚珠或胚盘

蛋黄表面上部有一直径 3~4mm 灰白色小点，一般把未受精的称胚珠，受精后称为胚盘。胚盘发育成胚胎。由于胚盘比重比蛋黄小，并有系带固定，不管蛋的放置如何变化，胚盘始终在卵黄的上方。

（二）蛋的形成过程

1. 蛋的形成过程

蛋是在母禽的生殖器官（图 2-2）中形成的。母禽在性成熟后，卵巢上含有的许多大小发育不同的卵泡，这些卵泡逐渐发育成熟而排卵；输卵管则在卵细胞外而依次形成蛋白、壳膜、蛋壳和胶护膜。

母禽的右侧卵巢和输卵管在孵化的第 7~9 天即停止发育，只有左侧卵巢和输卵管正常发育，具有繁殖机能。母鸡的生殖器分为卵巢和输卵管两部分；输卵管按形态和功能分为喇叭部、蛋白分泌部、峡部、子宫部、阴道部共 5 部分。

性成熟的母鸡，卵巢上成熟的卵泡破裂，排出卵子，被输卵管伞部纳入，这个过程称排卵。卵子在未形成蛋前叫卵黄，形成蛋后叫蛋黄，如经交配或人工授精，卵黄则在此处与精子结合，成受精卵。卵黄随着输卵管的蠕动，经过约 30min 进入膨大部。膨大部长 30~50cm，壁厚，黏膜有纵褶，并布满管状腺和单胞腺，在膨大部首先分泌包围卵黄的浓蛋白，因机械旋转而形成系带。

然后继续分泌蛋白，蛋白部分即是在此形成，所以膨大部又称蛋白分泌部。蛋白在这个阶段呈浓厚黏稠状态，重量为产出蛋的 1/2，而蛋白浓度却为产出蛋的 2 倍。卵通过此部位的时间约为 3h。进入峡部（又称管腰部）后，在此分泌形成内、外蛋壳膜，通过时间约 75min。卵在子宫部停留的时间最长，

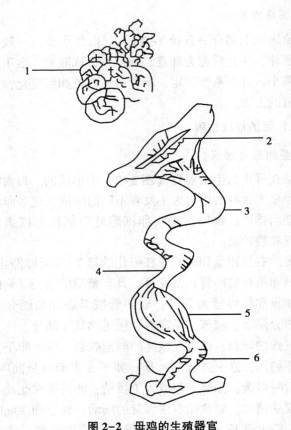

图 2-2　母鸡的生殖器官
1. 卵巢 2. 输卵管伞 3. 蛋白分泌部 4. 峡部 5. 子宫 6. 阴道

达 18~20h。在此最初先分泌子宫液，渗入壳膜，使蛋白的重量增加 1 倍，同时使壳膜膨胀成蛋形，子宫部分泌的钙质和色素形成蛋壳和壳色。蛋壳上的胶护膜也是在离开子宫前所形成的，包围在蛋壳外表起一定的保护作用。卵在子宫已形成完整的蛋，到达阴道部，停留时间约半小时，在神经及生殖激素的作用下经阴道产出。

2. 畸形蛋种类及形成原因

正常的鸡蛋为卵形或椭圆形。畸形蛋易破损，若作为种蛋，受精率和孵化率很低，甚至不能孵化出雏鸡，常见的有双黄蛋、特小蛋（无黄蛋）、软壳蛋（无壳蛋）、异物蛋、异状蛋、蛋中蛋等。

形成畸形蛋的原因是多方面的，主要是因为饲料中营养不全、饲养管理不当、外界不良因素的刺激、疾病及母鸡患有寄生虫病等引起的。

二、种蛋标准

（1）种蛋应来源于健康无病的种禽。无任何传染病发生，公母比例恰当，高产健康的良种禽群。

（2）蛋重与蛋壳颜色应符合本品种的要求。蛋过大或过小都不适合作为种蛋，一般种蛋以 50~65g 为宜。

（3）用于孵化的种蛋越新鲜越好，孵化率高，雏体健壮，育雏成活率高。一般在标准条件下保存 3~5 天的种蛋比较新鲜。

（4）种蛋的形状以椭圆形、蛋形指数在 1.30~1.35 最好。过长、过圆、扁形、葫芦形、腰鼓、皱纹蛋等畸形蛋都不适合作种蛋。

（5）脏蛋、破蛋、裂纹蛋、窝外蛋不可当作种用。若不挑出，在孵化过程中，变成臭蛋，甚至爆裂，是一大污染源。

（6）薄壳蛋、钢壳蛋（蛋壳过厚）、沙壳蛋不可留作种蛋用。

三、种蛋选择

种蛋的选择通常有以下 3 种方法。

1. 感官法

对种蛋的一些外观指标，通过看、摸、听、嗅等感觉来鉴定种蛋的优劣，能判断出种蛋的大致情况。如蛋壳的结构、蛋形是否正常、大小是否适中、蛋壳表面的清洁度等可用眼看进行检查；蛋壳的光滑或粗糙、种蛋的轻重可通过手摸来完成；根据响声可判断是破损蛋或是完好蛋：用两手各拿 3 枚蛋，轻轻转动五指，使蛋互相轻轻碰撞，听其声音，声音脆的即是完好蛋，有破裂声即是破损蛋。嗅蛋的气味是否正常，有无特殊臭味，从中可剔除臭蛋。感官法是我国农村孵坊用来选择种蛋的常用方法。

2. 透视法

对种蛋的蛋壳结构、气室大小、位置、蛋黄、蛋白、系带完整程度、血斑或肉斑、蛋黄膜是否破裂、裂纹蛋等情况，通过照蛋器作透视观察，对种蛋作综合鉴定，这是一种准确而简便的观察方法。

3. 抽检剖视法

多用于外购的种蛋。随机抽取几枚种蛋，将蛋打开，倒在衬有黑纸的玻璃板上，观察新鲜程度及有无血斑、肉斑。新鲜蛋，蛋白浓厚，蛋黄高突；陈蛋，蛋白稀薄成水样，蛋黄扁平甚至散黄，一般只用肉眼观察即可。对育种蛋则需要用蛋白高度测定仪测定蛋白品质，计算哈氏单位；用游标卡尺或画线卡尺测蛋黄品质，计算蛋黄指数（蛋黄指数=蛋黄高度/蛋黄直径，新鲜的种蛋蛋黄指数为 0.401~0.442）；用工业千分尺或蛋壳厚度测定仪测量蛋壳的厚度。此法多在孵化率异常时进行抽样测定。

四、种蛋的包装、运输与贮存

1. 种蛋的包装

种蛋包装最好用特制的纸箱和蛋托。每个蛋托放种蛋 30

枚，一个种蛋箱共放种蛋 300 枚，蛋箱装满后打包待运。

2. 种蛋的运输

种蛋在运输过程中要求平稳、快速、安全可靠、种蛋破损少。严防震荡、日晒、受冻和雨淋。长距离运输最好空运，有条件的可用空调车，温度为 12~16℃，相对湿度 75%。种蛋运抵孵化厂后，不要马上入孵，待静置一段时间后再上机孵化。

3. 种蛋的贮存

种蛋越新鲜，孵化率越高。一般以产后 3~5 天为宜。贮存超过 1 周，孵化率下降，孵化时间延长。

鸡胚发育的临界温度为 23.9℃，保存种蛋的环境温度超过此温度鸡胚即开始发育，最终导致鸡胚中途死亡。相反，若保存种蛋的温度过低，胚胎则易冻死。种蛋保存的适宜温度为 12~18℃，保存时间不超过 1 周采用上限温度，若保存时间较长则用下限温度。种蛋保存要求的湿度较高，一般为 75%~80%。蛋库要求通风良好、卫生干净、隔热性能好，能防蚊、蝇、老鼠，能防阳光直晒或穿堂风。大型现代化孵化厂应设有专用的蛋库，并备有空调机，可自动制冷或加湿，以保持种蛋贮存库的温湿度适宜。种蛋贮存 7 天内，可不翻蛋，若保存时间超过 1 周，则每天翻蛋 1~2 次。

第二节 孵化过程控制

一、家禽胚胎发育

（一）胚胎发育过程与特征

胚胎发育过程相当复杂。以鸡的胚胎发育为例，大致分为 4 个阶段。第 1~4 天为内部器官发育阶段；第 5~14 天为外部器官发育阶段；第15~20天为胚胎生长阶段；第20~21天为出壳阶段（图2-3至图2-23）。

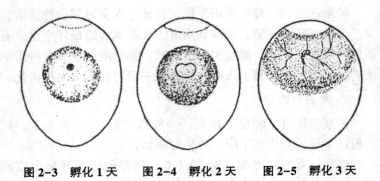

图2-3 孵化1天　　图2-4 孵化2天　　图2-5 孵化3天

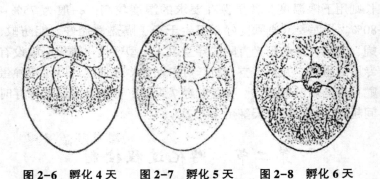

图2-6 孵化4天　　图2-7 孵化5天　　图2-8 孵化6天

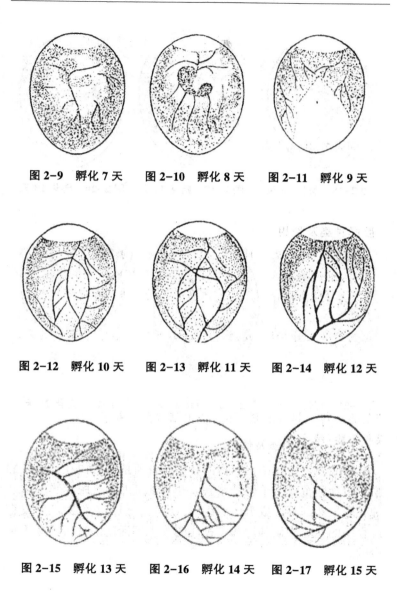

图 2-9　孵化 7 天　　　图 2-10　孵化 8 天　　　图 2-11　孵化 9 天

图 2-12　孵化 10 天　　图 2-13　孵化 11 天　　图 2-14　孵化 12 天

图 2-15　孵化 13 天　　图 2-16　孵化 14 天　　图 2-17　孵化 15 天

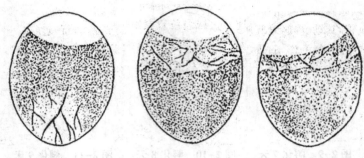

图 2-18　孵化 16 天　　图 2-19　孵化 17 天　　图 2-20　孵化 18 天

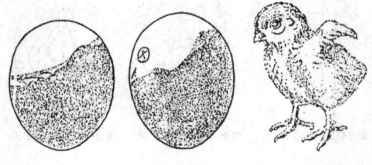

图 2-21　孵化 19 天　　图 2-22　孵化 20 天　　图 2-23　孵化 21 天

（二）胎膜种类及作用

　　胚胎发育过程中，家禽的胚胎发育所依赖的内在环境是胎膜。包括卵黄囊、羊膜、浆膜（也称绒毛膜）、尿囊膜。这几种胚膜虽然都不形成鸡体的组织或器官，但是它们对胚胎发育过程中的营养物质利用和各种代谢等生理活动的进行是必不可少的。

1. 卵黄囊

从孵化的第 2 天开始形成，到第 9 天几乎覆盖整个蛋黄的表面。卵黄囊由卵黄囊柄与胎儿连接，卵黄囊表面分布很多血管汇成循环系统，通入胚体，供胚胎从卵黄中吸收营养；卵黄囊在孵化初期与外界进行气体交换；其内壁还能形成原始的血细胞——造血器官。在出壳前，卵黄囊连同剩余的蛋黄一起被吸收进腹腔，作为初生雏禽暂时的营养来源。

2. 羊膜与浆膜（绒毛膜）

孵化第 2 天开始出现。头部长出一个皱褶，随后向两侧扩展形成侧褶，第 3 天初羊膜尾褶出现，以后向前生长；第 4 天头、侧、尾褶在胚体的背方会合，形成羊膜。而后翻转向外包围整个蛋内容物称绒毛膜（浆膜）。绒毛膜与尿囊融合形成尿囊绒毛膜。羊膜由平滑肌纤维组成，产生有规律的收缩，促使胚胎运动，防止胚胎和羊膜粘连。羊膜腔内有羊水，胚胎在其中可受到保护。绒毛膜与尿囊膜融合在一起，帮助尿囊膜完成其代谢功能。

3. 尿囊

孵化第 2 天末在脐部形成一个囊状突起，第 10~11 天包围整个蛋的内容物，在蛋的小头合拢，以尿囊柄与肠相连。尿囊在接触壳膜内表面的同时，与绒毛膜结合成尿囊绒毛膜。尿囊上布满血管，其动、静脉与胚胎循环相连接。尿囊位置紧贴在多孔的壳膜下面，起到排出二氧化碳，吸收外界氧气的作用；吸收蛋壳的无机盐供给胚胎；尿囊还是胚胎蛋白质代谢产生废物的贮存场所；是胎儿的营养、排泄器官、呼吸器官。

二、孵化条件

家禽胚胎母体外的发育，主要依靠外界条件，即温度、湿度、通风、翻蛋、凉蛋等。由于各种禽蛋的特点不同、品种不一，所需的孵化条件也不完全相同。因此，必须根据不同家禽种类的胚胎发育特点给以最适宜的孵化条件，才能使胚胎正常发育，并获得良好的孵化效果。

（一）温度

温度是家禽孵化的最重要条件。在整个胚胎发育过程中，各种物质的代谢都是在一定的温度条件下进行的。在孵化过程中胚胎发育对温度的变化非常敏感，合适的孵化温度是家禽胚胎正常生长发育的保证，正确掌握和运用温度是提高孵化率的首要条件。

家禽胚胎发育的适宜温度为37~38℃，温度过高、过低都同样有害，严重时造成胚胎死亡。通常，温度较高则胚胎发育较快，但较弱，胚外膜血管易充血，如果温度超过42℃经过2~3h以后则造成胚胎死亡。反之，温度较低，则胚胎的生长发育延缓，如温度低于24℃时，30h胚胎便全部死亡。可见，发育过程中的胚胎对温度变化十分敏感。种蛋的最适孵化温度受多种因素影响，如蛋的大小、蛋壳质量、禽种、品种、种蛋的贮存时间、孵化期间的空气湿度、孵化室温度、孵化季节、胚胎发育的不同时期、孵化机类型、孵化方法等。

（二）湿度

湿度对胚胎发育的影响及作用不及温度重要，但适宜的湿度对胚胎发育是有益的，在孵化初期能使胚胎受热良好，孵化后期有益于胚胎散热。在出雏期间，空气中的水分与二氧化碳使蛋壳的碳酸钙变成较脆的碳酸氢钙，有利于雏鸡啄壳破壳。要使胚胎正常发育，蛋内水分的蒸发必须保持一定的速度，蒸发快或慢都会影响孵化率和雏鸡质量。蛋内水分的蒸发速度取决于湿度的大小。孵化机湿度要求50%~55%，出雏机则以

65%~70%为宜。

（三）通风

当空气中氧气含量为21%、二氧化碳含量为0.4%时，种蛋孵化率最高。孵化要求氧气含量不低于20%，否则每减少1%，孵化率下降5%；二氧化碳含量超过0.5%，孵化率开始下降。通风的目的是供给胚胎发育足够的新鲜空气，排出二氧化碳。胚胎对空气的需要量后期为前期的110倍。若氧气供应不足，二氧化碳含量高，会造成胚胎生长停止，产生畸形，严重时造成中途死亡。在孵化后期，通风还可帮助驱散余热，及时将机内聚积的多余热量带走。

（四）翻蛋

翻蛋即改变种蛋的孵化位置和角度。翻蛋在禽蛋孵化过程中对胚胎发育有十分重要的作用。因为蛋黄含脂肪较多，相对密度较小，总是浮于蛋的上部。而胚胎位于蛋黄之上，长时间不动，胚胎容易与蛋壳粘连。翻蛋既可防止胚胎与蛋壳粘连，还能促进胚胎的活动，保持胎位正常，以及使蛋受热均匀，发育整齐、良好，帮助羊膜运动，改善羊膜血液循环，使胚胎发育前、中、后期血管区及尿囊绒毛膜生长发育正常，蛋白顺利进入羊水供胚胎吸收，初生重合格。因此，孵化期间，每天都要定时翻蛋，尤其孵化前期翻蛋作用更大。

（五）凉蛋

凉蛋是指种蛋孵化到一定时间，让胚蛋温度下降的一种孵化操作。因胚胎发育到中后期，物质代谢产生大量热能，需要及时凉蛋。所以凉蛋的主要目的是驱散胚蛋内多余的热量，还可以交换孵化机内的空气，排除胚胎代谢的污浊气体，同时用较低的温度来刺激胚胎，促使其发育并逐渐增强胚胎对外界气温的适应能力。鸭、鹅蛋含脂肪高，物质代谢产热量多，必须进行凉蛋，否则，易引起胚胎"自烧死亡"。孵化鸡蛋，在夏季孵化的中后期，孵化机容量较大的情况下也要进行凉蛋。若孵化机有冷却装置，可不凉蛋。

凉蛋的方法：鸡蛋在封门前、水禽蛋在合拢前采用不开机门、关闭电热、风扇转动的方法；鸡蛋在封门后、水禽蛋在合拢后采用打开机门、关闭电热、风扇转动甚至抽出孵化盘喷洒冷水等措施。每天凉蛋的次数、每次凉蛋时间的长短根据外界温度（孵化季节）与胚龄而定；一般每日凉蛋1~3次，每次凉蛋15~30min，以蛋温不低于30~32℃为限，将凉过的蛋放于眼皮上稍感微凉即可。

三、家禽孵化期和孵化方法

1. 家禽的孵化期

孵化期是指家禽胚胎在体外发育的全部过程所需要的时间。正常的孵化条件下，各种家禽的孵化期见下表。

表 主要家禽的孵化期

家禽种类	孵化期/天	家禽种类	孵化期/天
鸡	21	火鸡	28
鸭	28	珍珠鸡	26
鹅	30~32	鹌鹑	17~18
番鸭	33~35	鸽	18

由于胚胎发育快慢受多种因素的影响，所以，孵化期是一个变动的范围，一般是上下浮动12h左右。

2. 孵化方法

家禽的孵化方法有自然孵化法和人工孵化法，人工孵化法又分为手工孵化法和机械孵化法，目前广泛使用的是机械孵化法。

机械孵化是比较先进的大型人工孵化方法。大型孵化器是采用自动控温系统、控湿系统、翻蛋系统、通风换气系统等控制孵化条件，具有操作简便、孵化量大、员工劳动强度小、劳动效率高、孵化效果好的特点。机械孵化不受季节影响，但是一次性投资较大，需要有稳定充足的电源保证和较高的管理技术。

第三章 规模化家禽饲料的配制

第一节 家禽常用饲料选择

一、能量饲料

(一) 谷物类饲料

1. 玉米

玉米是家禽的基础饲料,有"饲料之王"之称,全世界70%~75%的玉米作为饲料。我国是世界上第二大玉米生产国,主要产区在东北和华北等地。

玉米的有效能值高,主要由于玉米无氮浸出物含量高(74%~80%),而且主要是易消化的淀粉;另外粗纤维含量低(1.2%~2.6%),粗脂肪含量较高(3.1%~5.3%),且必需脂肪酸含量高达2%。粗蛋白含量低(7.8%~9.4%),品质差,缺乏赖氨酸、蛋氨酸及色氨酸等必需的营养。

玉米是家禽最重要的饲料原料,适口性好,容易消化,容重大,最适宜肉用仔鸡的肥育用,而且黄玉米因含胡萝卜素和叶黄素对蛋黄、脚、皮肤等有良好的着色效果。在鸡配合饲料中,玉米用量可达50%~70%。

2. 小麦

小麦是世界上主要粮食作物之一,只有少量小麦用作饲料。我国小麦产量居世界第二位，主产区在华北、东北和淮河流域。

小麦的有效能值略低于玉米，主要原因是小麦粗脂肪含量低（1.7%），且必需脂肪酸的含量也低。另外无氮浸出物含量（67.6%）也较玉米低。粗蛋白含量较高（13.0%左右），品质稍好于玉米，但仍缺乏赖氨酸、蛋氨酸和苏氨酸等必需氨基酸。粗纤维1.9%。矿物质含量不平衡，钙少磷多，磷有70%属于植酸磷。

小麦等量取代鸡日粮中的玉米时，其饲用效果仅为玉米的90%，故替代量以1/3～1/2为宜。此外小麦中含有较多的非淀粉多糖，饲喂过多，还会引起蛋鸡的饲料转化率下降，对肉用仔鸡常引起垫料过湿，氨气过多，生长受抑制，跗关节损伤和胸部水泡发病率增加，屠体等级下降等。

3. 高粱

高粱是重要的粗粮作物，有褐高粱、黄高粱（红高粱）、白高粱、混合高粱之分。我国高粱产量居世界第四位，主产区位于东北和华北等地。

高粱的粗蛋白含量（9.0%）略高于玉米，但同样品质不佳，且不易被动物消化，缺乏赖氨酸（0.18%）、含硫氨基酸（0.29%）和色氨酸（0.08%）等必需氨基酸。粗脂肪含量（3.4%）低于玉米。无氮浸出物含量（70.4%）与玉米相近。粗纤维1.4%左右。矿物质中含磷、镁、钾较多，钙含量少，40%～70%的磷为植酸磷，利用率低。高粱中含有的主要抗营养因子是单宁（鞣酸），单宁的苦涩味重，影响适口性以及饲料的转化率和代谢能值。

鸡的日粮要求单宁含量不得超过0.2%，所以高丹宁褐色高粱用量宜控制在10%～20%，低单宁的浅色高粱用量为40%～50%。鸡日粮中高粱用量高时，应补充维生素A，注意氨基酸与能量之间的平衡，并考虑色素的来源及必需氨基酸是否足够。

4. 稻谷

稻谷为世界上最重要的谷物之一。稻谷脱去壳后，大部分种皮仍残留在米粒上，称为糙米；大米加工过程中产生的破碎粒称为碎米。稻谷是我国第一大粮食作物，主产区在长江、淮河流域以及华南地区。

稻谷的有效能值低，主要由于稻谷有坚硬的外壳包被，稻壳占稻谷重的20%~25%，粗纤维含量较高（9.0%以上）；另外粗脂肪含量低（2.0%），无氮浸出物（63.8%）比玉米低。粗蛋白含量（7.8%）及品质与玉米相似，赖氨酸和含硫氨基酸等必需氨基酸含量低。矿物质含量不多，钙少磷多，磷的利用率低。

因稻谷粗纤维含量高，所以对肉鸡应限制使用。糙米或碎米喂鸡，不论肉鸡还是蛋鸡效果均与玉米相近（脂肪含量稍低），只是鸡的皮肤和蛋黄颜色较浅，应注意补充必要的色素。

5. 大麦

大麦是重要的谷物之一，我国冬大麦主产区在长江流域各省和河南等地，春大麦则分布在东北、内蒙古、山西、青藏高原等地。

大麦的有效能值较低，主要是因为粗纤维含量高（5%~6%）；另外粗脂肪含量低（1.7%~2.1%），其中亚油酸含量只有0.78%，无氮浸出物（67.1%~67.7%）比玉米低。粗蛋白含量较高（11.0%~13.0%），其中赖氨酸、色氨酸、含硫氨基酸的含量较玉米高。矿物质含量较高，主要是钾和磷，其中63%的磷为植酸磷，利用率低。

大麦对鸡的饲养效果明显比玉米差。饲喂蛋鸡，虽不明显影响产蛋率，但对蛋黄、皮肤无着色效果，不是鸡的理想饲料。一般用量不超过 10%，种鸡可以适当提高用量。

（二）糠麸类饲料

1. 小麦麸

小麦麸是小麦加工面粉时的副产物，主要由种皮、糊粉层和少量胚芽及胚乳组成。具有特有的香甜味，形状为粗细不等的碎屑状。

小麦麸的粗蛋白含量较高（14.3%～15.7%），氨基酸较平衡，赖氨酸和蛋氨酸含量分别为 0.6%和 0.13%。粗脂肪含量为 4%左右，以不饱和脂肪酸居多。无氮浸出物低（56.0%～57.0%），粗纤维含量高（6.3%～6.5%），故属于能量价值较低的能量饲料。富含 B 族维生素和维生素 E。矿物质含量较丰富，钙少磷多，而且大多是植酸磷，但小麦麸富含植酸酶，有利于磷的利用。

因为小麦麸的能量价值偏低，在肉鸡和高产蛋鸡饲料中用量有限，雏鸡阶段可以使用少量小麦麸；后备母鸡可使用较多的小麦麸，一般以不超过 10%～15%为宜。

2. 次粉

次粉同样是小麦加工面粉时的副产品，是介于麦麸与面粉之间的产品，主要由小麦的糊粉层、胚乳及少量细麸组成。次粉分为普通次粉和高筋次粉。依小麦品种、加工工艺而异。

次粉的粗蛋白含量（13.6%～15.4%）稍低于小麦麸。粗脂肪含量（2.1%～2.2%）低于小麦麸。无氮浸出物较高（66.7%～67.1%），粗纤维低（1.5%～2.8%），故次粉的能量价值高于小麦麸。

次粉的饲用价值与小麦麸相似，对于鸡饲料用量可达 10%～12%，但一般需要制粒，否则会造成粘嘴现象，降低适口性。在鸭饲料中用量可达 35%左右。

3. 米糠

米糠是糙米精加工过程中脱除的果皮层、种皮层及胚芽等混合物，有时混有少量稻壳和碎米。

全脂米糠的粗蛋白（12.8%）和赖氨酸（0.74%）均高于玉米，且品质比玉米好。粗纤维含量在 13%以下。粗脂肪含量高达 10%~18%，大多属于不饱和脂肪酸，容易发生氧化酸败和水解酸败，严重影响米糠的质量和适口性。富含 B 族维生素和维生素 E。

米糠一般不宜作为鸡的能量饲料，但可少量使用补充鸡所需的 B 族维生素、矿物质和必需脂肪酸。一般以使用 5%以下为宜，颗粒饲料可酌情增加至 10%左右。

（三）油脂类饲料

天然存在的油脂种类较多，主要来源于动植物，是畜禽重要的营养物质之一。油脂能够提供比任何其他饲料都多的能量，同时也是必需脂肪酸的重要来源，能促进色素和脂溶性维生素的吸收，降低畜禽的热增耗，提高代谢能的利用率，减轻畜禽热应激等。此外，还可改善饲料适口性，减少粉尘和机械磨损，改善饲料外观，提高颗粒饲料的生产效率。

添加油脂后，日粮能量浓度提高，动物采食量降低，因此应相应提高日粮中其他养分的含量。建议油脂添加量为：产蛋鸡 3%~5%；肉鸡 5%~8%。

二、蛋白质饲料

（一）植物性蛋白质饲料

1. 大豆饼（粕）

大豆饼（粕）是大豆提取油后的副产物。由于制油工艺不同，通常将压榨法提油后的产品称为豆饼，而将浸提法提油后的产品称为豆粕。我国的主产区为北方，以黑龙江、吉林产量最高；国内市场上70%的大豆是进口的。

大豆饼（粕）的粗蛋白含量高（40%~48%），必需氨基酸含量高且组成合理，其中赖氨酸含量达2.5%~2.9%，但缺乏蛋氨酸（0.6%）。粗纤维含量不高（4.0%~5.0%），主要来自豆皮。无氮浸出物主要是蔗糖、棉籽糖、水苏糖及多糖类，淀粉含量低，故所含可利用能量较低。矿物质中钙少磷多，磷多属于植酸磷，家禽利用率低。

大豆饼（粕）含有胰蛋白酶抑制因子、大豆凝集素、大豆抗原等抗营养因子，对动物健康和生产性能产生不利影响，适当加热或膨化处理可破坏这些抗营养因子。

大豆饼（粕）适量添加蛋氨酸后，即是家禽饲料的最好蛋白质来源，任何生产阶段的家禽都可以使用，尤其对雏鸡的效果更为明显，是其他饼（粕）难以取代的。

2. 菜籽饼（粕）

油菜籽是我国主要的油料作物之一。菜籽饼（粕）是菜籽提取油后的副产物。我国的主产区为四川、湖北、湖南和江苏等地。

菜籽饼（粕）的粗蛋白含量为35%~38%，各种氨基酸含量较丰富且平衡，但消化率较大豆饼（粕）低。菜籽饼（粕）的能量价值取决于其外壳及粗纤维的含量，此外榨油加工工艺对它的能量价值也有较大影响，残油高的能量价值高。矿物质中钙、磷均高，但所含磷大多为植酸磷，利用率低。

菜籽饼（粕）中含有多种抗营养因子，主要的有硫葡萄糖苷、芥子碱和单宁，使用上要注意其含量并加以限制。

在鸡配合饲料中菜籽饼（粕）应限量使用。品质优良的菜籽饼（粕），肉鸡后期用量宜低于10%，蛋鸡、种鸡可用至

8%，一般雏鸡避免使用。

3. 棉籽饼（粕）

棉籽饼（粕）是棉籽经去毛、去壳提取油后的副产品。我国的主产区为河北、河南、山东、安徽、江苏、新疆等地。

棉籽饼（粕）的粗蛋白含量高（36.0%~47.0%），氨基酸中赖氨酸含量低，为第一限制性氨基酸，利用率也差。粗纤维含量随去壳程度而不同，不脱壳者纤维含量可达18%。矿物质中钙少磷多，磷多为植酸磷，家禽对其几乎不能利用。

棉籽饼（粕）含有游离棉酚和环丙烯脂肪酸等抗营养因子。

棉籽饼（粕）对鸡的饲用价值主要取决于游离棉酚和粗纤维的含量。含壳多的棉籽饼（粕）粗纤维含量高、热能低，应避免在肉鸡饲料中使用。游离棉酚含量在50mg/kg以下的棉籽饼（粕），肉鸡饲料中可添加10%~20%，产蛋鸡可添加5%~15%。

4. 花生饼（粕）

花生饼（粕）是花生脱壳后提取油后的副产品。我国是花生的生产大国，主要产区为山东、河南、河北、江苏等地。

花生饼（粕）的粗蛋白含量很高（44.0%~47.0%），但氨基酸组成不佳，赖氨酸和蛋氨酸含量偏低，而精氨酸与组氨酸含量相当高。脱壳花生饼（粕）的代谢能水平很高，可达12.26MJ/kg，无氮浸出物中大多为淀粉和戊聚糖等。矿物质中钙少磷多，磷多为植酸磷，利用率低。

花生饼（粕）中含有少量胰蛋白酶抑制因子，也极易感染黄曲霉，产生黄曲霉毒素，引起动物黄曲霉毒素中毒。

花生饼（粕）适用于成年家禽，育成期可用至6%，产蛋鸡可用至9%。注意补充赖氨酸和蛋氨酸，或与鱼粉、豆粕配合使用，效果较好。

（二）动物性蛋白质饲料

1. 鱼粉

鱼粉是以鱼类加工食品剩余的下脚料或全鱼加工的产品。世界上鱼粉产量最多的国家是日本、智利、秘鲁和美国等，国内鱼粉主要产区在浙江、上海、福建、山东等地。

鱼粉的营养特点是粗蛋白含量高，一般脱脂全鱼粉的粗蛋白含量高达 60% 以上，而且品质好，消化率高，必需氨基酸含量高，比例平衡。粗脂肪含量高，尤其是海水鱼粉中的脂肪含有大量高度不饱和脂肪酸，具有特殊营养生理作用。富含 B 族维生素和维生素 A、维生素 D 以及未知生长因子。鱼粉中含有肌胃糜烂素，引起鸡的"黑吐病"。在高温高湿环境，易受微生物浸染，氧化酸败，腐败变质。

鱼粉对鸡的饲养效果很好，不但适口性好，而且可以补充必需氨基酸、B 族维生素及其他矿物元素，一般用量为：雏鸡、肉鸭和肉仔鸡 3%~5%，蛋鸡 3%。

2. 水解羽毛粉

家禽屠体脱毛处理所得的羽毛，经洗涤、高压水解处理后粉碎的产品即为水解羽毛粉。

水解羽毛粉粗蛋白含量高达 78%，氨基酸中以含硫氨基酸含量最高，其中以胱氨酸为主，含量达 3% 左右，赖氨酸和蛋氨酸含量不足。矿物质中硫含量很高，可达 1.5%。

水解羽毛粉可补充鸡饲料中的含硫氨基酸需要，在家禽饲料中用量以不超过 3% 为宜，雏鸡饲料中可添加 1%~2%。

三、矿物质饲料

（一）含钠、氯的饲料

（1）氯化钠化学式为 NaCl，含钠 39.7%，含氯 60.3%。

饲用氯化钠纯度为98%，即含钠38.91%，含氯59.1%。家禽日粮中以0.3%~0.5%为宜。

（2）碳酸氢钠俗称小苏打，化学式为 $NaHCO_3$，纯品含钠27.38%，工业品纯度为99%，即含钠27.10%。采用食盐供给动物钠和氯时，钠少氯多，尤其对产蛋家禽，更需要其他供钠的物质。碳酸氢钠，除提供钠离子外，还是一种缓冲剂，可缓解热应激，改善蛋壳强度。用量一般为0.2%~0.4%。

（3）无水硫酸钠俗称元明粉或芒硝，化学式为 Na_2SO_4。纯品含钠16.19%，硫22.57%，工业品纯度99%，即含钠16.03%，硫22.35%。硫酸钠既可补钠，又可以补硫，对鸡的啄羽有预防作用。

（二）含钙的饲料

（1）石灰石粉为天然的碳酸钙，一般含钙35%以上，是补充钙来源最广、价格最低的矿物质原料。质量指标为：钙≥35%，铅≤0.002%，砷≤0.001%，汞≤0.0002%，水分≤0.5%，盐酸不溶物≤0.5%。在鸡饲料中的用量：雏鸡2%，蛋鸡和种鸡5%~7%，肉鸡2%~3%。

（2）贝壳粉本品为各类贝壳外壳（牡蛎壳、蚌壳、蛤蜊壳等）经加工粉碎而成的粉状或颗粒状产品。主要成分为碳酸钙，一般含钙不低于33%。质量标准：钙≥33%、杂质≤1%，不得检出沙门氏菌，不得有腥臭味。

（三）含钙、磷饲料

最常用的是磷酸氢钙。我国饲料级磷酸氢钙的标准为：磷≥16%、钙≥21%、砷≤0.003%、铅≤0.002%、氟≤0.18%。

第二节　家禽对各种营养物质的需要

一、蛋白质

蛋白质具有重要的营养作用，是家禽体组织和禽蛋的主要成分。

饲料蛋白质的营养价值主要取决于氨基酸的组成和比例，有些氨基酸在家禽体内不能合成或合成的数量不能满足需要，必须由饲料中供给，称之为必需氨基酸。家禽的必需氨基酸包括蛋氨酸、赖氨酸、组氨酸、色氨酸、异亮氨酸、苏氨酸、精氨酸、亮氨酸、苯丙氨酸、缬氨酸和甘氨酸。一般饲粮中容易缺乏蛋氨酸、赖氨酸和色氨酸，而蛋氨酸通常是第一限制性氨基酸。不同种类的饲料中所含氨基酸的种类和比例存在很大差异，只有多种饲料搭配或添加氨基酸添加剂，才能保证氨基酸的平衡。

育雏和育成期间家禽的生长速度受蛋白质进食量的影响较大。在产蛋期家禽采食的蛋白质有 2/3 用于产蛋，1/3 用于维持生命需要，饲料中提供的蛋白质主要用于形成禽蛋，如果不足，直接的后果是蛋重下降，进而影响产蛋量。

二、能量

家禽的一切生命活动和生产活动都需要能量的支持。能量来源于日粮中的碳水化合物、脂肪以及在机体代谢中多余的蛋白质，其中碳水化合物是家禽能量的最主要来源。另外，脂肪的热量价值高，是碳水化合物的 2.25 倍，对高产家禽有能量增效作用。

育雏和育成期间家禽的生长与日粮能量浓度有直接的关

系，尤其 14～20 周龄的生长速度受能量进食量的影响最大。在产蛋期母禽进食能量有 2/3 用于维持生命活动，1/3 用于产蛋，饲料中提供的能量首先用于维持生命活动，多余时才用于产蛋，如果不足，产蛋量下降。

三、矿物质

矿物质是家禽体组织、细胞、骨骼和体液的重要成分，是家禽正常生命活动与生产活动所不可缺少的重要物质。

（1）钙、磷、镁。主要参与骨骼和蛋壳的形成。钙构成骨骼与蛋壳，维持神经和肌肉兴奋性，维持细胞膜的通透性，调节激素分泌；磷构成骨骼与蛋壳，参与能量代谢，维持膜的完整性，作为重要生命遗传物质 DNA、RNA 和一些酶的结构成分；镁参与骨骼与蛋壳组成，参与酶系统的组成与作用，参与核酸和蛋白质的代谢，调节神经和肌肉的兴奋性，维持心肌的正常结构和功能。

（2）钠、钾、氯。主要存在于体液中，对维持渗透压、调节酸碱平衡、控制水代谢起着重要作用。钠在保持体液的酸碱平衡和渗透压方面起着重要作用；钾参与碳水化合物代谢，并在维持细胞内液渗透压的稳定和调节酸碱平衡起着重要作用；氯是胃液中形成盐酸的主要成分，与钠、钾共同维持体液的酸碱平衡和渗透压调节。

（3）硫。硫是以含硫氨基酸形式参与羽毛、爪等角蛋白合成，是维生素 B_1、生物素的成分。家禽缺硫易发生啄癖，影响羽毛质量。

（4）铁。铁是合成血红蛋白和肌红蛋白的原料，是细胞色素和多种氧化酶的重要成分，参与机体内的物质代谢及生物氧化过程；具有预防机体感染疾病的作用。缺铁主要表现是贫血。

（5）铜。铜参与血红蛋白的合成及某些氧化酶的合成和激活；在红细胞和血红素的形成过程中起催化作用；促进骨骼的正常发育；有助于维持血管的弹性和正常功能；维持中枢神经系统正常活动。缺铜家禽患贫血、骨折或骨畸形，出现神经症状，羽毛褪色。

（6）锰。锰是家禽骨骼正常发育所必需的；与家禽的繁殖有关；参与碳水化合物及脂肪的代谢。缺锰时家禽骨骼发育不良，易患"滑腱症"，生长减缓，饲料利用率降低，产蛋率、繁殖率降低，蛋壳变薄。

（7）锌。锌是构成家禽体内各种酶的主要成分或激活剂；参与蛋白质、碳水化合物和脂类的代谢；与羽毛的生长、皮肤的健康等有关。缺锌时家禽生长缓慢，羽毛、皮肤发育不良。

（8）碘。碘参与甲状腺组成；与家禽的基础代谢密切相关，几乎参与所有的物质代谢过程。缺碘时可引起甲状腺肿大而损害家禽的健康。

（9）硒。硒具有抗氧化作用，它是谷胱甘肽过氧化物酶的成分，可促使机体代谢中产生的过氧化物还原，防止这类物质在体内的积累，保护细胞膜结构完整和功能正常；对胰腺组织和功能有重要影响。鸡缺硒主要表现渗出性素质病和胰腺纤维变性。

四、维生素

（一）脂溶性维生素

（1）维生素 A。维生素 A 维持动物在弱光下的视力；维持上皮组织和神经组织的正常机能；促进动物生长，增进食欲，促进消化；增强机体免疫力和抗感染能力。维生素 A 缺乏时，家禽发生"干眼病"，生长缓慢，产蛋量减少，种蛋的孵化率降低，易发生各种疾病。

（2）维生素 D。维生素 D 在动物体内转化为具有活性的物质才能发挥其生理功能。主要与钙、磷代谢有关，调节钙、磷比例，促进钙、磷吸收，它还可直接作用于成骨细胞，促进钙、磷在骨骼的沉积，有利于骨骼钙化。家禽缺乏维生素 D 时，表现行动困难，不能站立，生长缓慢，喙变软，蛋壳薄而脆或产软蛋，产蛋率和孵化率下降。

（3）维生素 E。维生素 E 是一种细胞内抗氧化剂，可阻止过氧化物的产生，保护细胞膜免遭氧化破坏；维持毛细血管结构的完整和中枢神经系统的机能健全；增强机体免疫力和抵抗力；维持正常的繁殖机能。雏鸡缺少维生素 E 时，毛细血管通透性增强，导致大量渗出液在皮下积蓄，患"渗出性素质病"；小脑出血或水肿，运动失调；母鸡的产蛋率和孵化率降低，公鸡睾丸萎缩。

（4）维生素 K。维生素 K 主要参与凝血活动，致使血液凝固；与钙结合蛋白质的形成有关。雏鸡缺乏维生素 K 时皮下和肌肉间隙呈现出血现象，断喙或受伤时流血不止；母鸡缺少维生素 K，所产的蛋壳有血斑，孵化时，鸡胚也常因出血而死亡。

（二）水溶性维生素

包括 B 族维生素和维生素 C。

（1）维生素 B_1。维生素 B_1 是以羧化辅酶的成分参与能量代谢；维持神经组织和心脏正常功能；维持胃肠正常消化功能；为神经介质和细胞膜组分，影响神经系统能量代谢和脂肪酸合成。维生素 B_1 缺乏时，雏鸡患多发性神经炎，头部后仰，呈现出一种"观星"的特有姿态。

（2）维生素 B_2。维生素 B_2 以辅基形式与特定酶结合形成多种黄素蛋白酶，参与蛋白质、能量代谢及生物氧化。维生素 B_2 缺乏时，雏鸡发生典型的卷爪麻痹症，足爪向内弯曲，用跗关节行走、腿麻痹，母鸡产蛋量和孵化率下降，鸡胚死亡率增高。

（3）烟酸。以辅酶Ⅰ、Ⅱ的形式参与三大营养物质代谢，是多种脱氢酶的辅酶，在生物氧化中起传递氢的作用，参与视紫红质的合成；促进铁吸收和血细胞的生成；维持皮肤的正常功能和消化腺分泌；参与蛋白质和 DNA 合成。烟酸缺乏时，鸡患黑舌病，口腔发炎，羽毛蓬乱，生长缓慢，下痢，踝关节肿大，腿骨弯曲；母鸡产蛋率和孵化率下降。

（4）维生素 B_6。维生素 B_6 以转氨酶和脱羧酶等多种酶系统的辅酶形式参与蛋白质、脂肪和碳水化合物代谢，促进血红蛋白中原卟啉的合成。维生素 B_6 缺乏时，雏鸡生长缓慢，易发生神经障碍，由兴奋而至痉挛，种蛋孵化率降低。

（5）泛酸。是辅酶 A 的成分，参与三大营养物质代谢，促进脂肪代谢及类固醇和抗体的合成，为生长动物所必需的。泛酸缺乏时，鸡生长受阻，皮炎，羽毛生长不良；雏鸡眼部分泌物增多，眼睑周围结痂；母鸡产蛋率与孵化率下降，鸡胚死亡，胚胎皮下出血及水肿等。

（6）维生素 B_{12}。在鸡体内为胱氨酸转化为蛋氨酸所必需的；参与核酸、胆碱的生物合成及 3 种有机物的代谢。维生素 B_{12} 缺乏时，家禽患贫血、生长不良，易患脂肪肝，母禽的产蛋率和孵化率降低。

（7）叶酸。叶酸以辅酶形式通过一碳基团的转移参与蛋白质和核酸的生物合成；促进红细胞、白细胞的形成与成熟。叶酸缺乏时，家禽生长发育受阻，羽毛生长不良、色素减退，贫血，胚胎死亡率较高。

（8）生物素。以各种羧化酶的辅酶形式参与 3 种有机物代谢，它和碳水化合物与蛋白质转化为脂肪有关。生物素缺乏时，鸡脚趾肿胀、开裂，脚、喙及眼周围发生皮炎，胫骨粗短症，生长缓慢，种蛋孵化率降低，鸡胚骨骼畸形。

（9）维生素 C。维生素 C 在动物体内具有杀灭细菌和病毒、解毒、抗氧化作用；可缓解铅、砷、苯及某些细菌毒素的毒性；促进铁的吸收；可刺激肾上腺皮质激素等多种激素的合成；还能促进抗体的形成和白细胞的噬菌能力，增强机体免疫功能和抗应激能力。维生素 C 缺乏时，家禽食欲下降，生长缓慢，体重减轻，皮下慢性出血，贫血，抗病力和抗应激能力下降。

（10）胆碱。胆碱是细胞的组成成分，是细胞卵磷脂、神经磷脂和某些原生质的成分，同样也是软骨组织磷脂的成分；参与肝脏脂肪的代谢，可促使肝脏脂肪以卵磷脂形式或者提高脂肪酸本身在肝脏内的氧化利用，防止脂肪肝的产生。胆碱缺乏时，鸡的典型症状是"骨短粗症"和"滑腱症"；母鸡产蛋量减少，甚至停产，蛋的孵化率下降。

第四章 规模化鸡养殖技术

第一节 鸡的品种

一、鸡的品种分类

1. 标准品种分类法

按国际公认的标准品种分类法把鸡分为类、型、品种和品变种。

（1）类。按鸡的原产地划分为亚洲类、美洲类、地中海类和欧洲类等。

（2）型。按鸡的用途分为蛋用型、肉用型、兼用型和观赏型。

（3）品种。是指通过育种形成的具有一定数量、有共同来源、相似外貌特征、基本一致生产性能、遗传性稳定的一个群体。

（4）品变种。是指同一品种中根据羽色、冠形等不同分为不同的类群。

2. 现代品种分类法

（1）标准品种。标准品种是指在 20 世纪 50 年代以前育成，并得到家禽协会或家禽育种委员会承认的品种。这些品种的主要特点是具有较一致的外貌特征、较好的生产性能，遗传性稳定，但对饲养管理条件要求高。按鸡的经济用途可分为蛋用型、肉用型、兼用型和观赏型。

①蛋用型。以产蛋多为主要特征。体型较小，体躯较长，颈细尾长，腿高胫细，肌肉结实，羽毛紧凑，性情活泼，行动敏捷，觅食力强，神经质，易受惊吓。5~6月龄开产，年产蛋200枚以上，产肉少，肉质差，无就巢性。

②肉用型。以产肉多、生长快、肉质好为主要特征。体型大，体躯宽深，颈粗尾短，腿短胫粗，肌肉丰满，羽毛蓬松。性情温顺，行动迟缓，觅食力强。7~8月龄开产，年产蛋130~160枚。

③兼用型。生产性能和体型外貌介于肉用型和蛋用型之间。性情温顺，觅食力较强。6~7月龄开产，年产蛋160~180枚，产肉较多，肉质较好，有就巢性。

④观赏型。属专供人们观赏或争斗娱乐的品种。一般有特殊外貌，或性凶好斗，或兼有其他特殊性能。如丝毛鸡、斗鸡、矮脚鸡等。

（2）地方品种。地方品种是指在育种技术水平较低的情况下，没有经过系统选育，在某一地区长期饲养而形成的品种。我国是家禽地方品种最多的国家，1989年出版的《中国家禽品种志》收录了52个地方品种，其中鸡地方品种27个。地方品种的主要特点是适应性强，肉质好，但生产性能较低，体型外貌不一致，商品竞争能力差，不适宜高密度饲养。

（3）现代鸡种。随着市场经济的需要和育种工作的进展，现代生产中对鸡的生产性能具有一定要求，因而出现了现代鸡种。现代鸡种是专门化的商用品系或配套品系的杂交鸡，一般不能纯繁复制。现代鸡种强调群体的生产性能，不重视个体的外貌特征，其商品代杂交鸡的主要特点是生活力强，生产性能高，且整齐一致，适于大规模集约化饲养。现代鸡种按其经济用途分为蛋鸡系和肉鸡系。

①蛋鸡系。专门用于生产商品蛋的配套品系，按其蛋壳颜色分为白壳蛋鸡（如迪卡白壳蛋鸡、海兰白壳蛋鸡）、褐壳蛋鸡（如海兰褐壳蛋鸡、罗曼褐壳蛋鸡）、粉壳蛋鸡（如亚康粉壳蛋鸡、海兰粉壳蛋鸡）和绿壳蛋鸡（江西华绿黑羽绿壳蛋鸡、江苏三凰青壳蛋鸡）。

②肉鸡系。专门用于生产肉用仔鸡的配套品系，生产中按其生产速度和肉的品质又分为速长型肉鸡（如艾维茵肉鸡、爱拔益加肉鸡）和优质型肉鸡（如石岐杂肉鸡、苏禽黄鸡）。

二、鸡的主要品种

1. 标准品种

（1）白来航鸡。原产于意大利，是世界著名的高产蛋用型品种，也是现代白壳蛋鸡配套系采用的原种鸡。体型短小清秀，羽毛白色而紧贴，单冠，冠大，公鸡的冠较厚而直立，母鸡冠较薄而倒向一侧；耳叶白色，皮肤、喙、胫均为黄色。性成熟早，一般 5 月龄开产，年产蛋量在 200 枚以上，优秀高产群可达 280~300 枚，蛋重 54~60g，蛋壳白色。成年公鸡体重 2.0~2.5kg，母鸡 1.5~2.0kg。性情活泼好动，善飞跃，富神经质，易惊吓，容易发生啄癖，无就巢性，适应性强。

（2）洛岛红鸡。原产于美国洛德岛州，属蛋肉兼用型，有玫瑰冠和单冠两个品变种。羽毛为酱红色，喙褐黄色，胫黄色或带微红的黄色，耳叶红色，皮肤黄色。6 月龄开始产蛋，年产蛋量 160~180 枚，蛋重 60~65g，蛋壳褐色。成年公鸡体重 3.5~3.8kg，母鸡 2.2~3.0kg。是现代培育褐壳蛋鸡的主要素材，用作商品杂交配套系的父本，生产的商品蛋鸡可按羽色自别雌雄。

（3）白洛克鸡。育成于美国，属于洛克鸡的一个品变种，肉蛋兼用型。全身羽毛为白色，单冠，耳叶为红色，喙、胫、皮肤为黄色。年产蛋 150~160 枚，蛋重 60g 左右，蛋壳浅褐色。成年公鸡体重 4~4.5kg，母鸡 3~3.5kg。白洛克鸡经选育后早期生长快，胸、腿肌肉发达，被广泛用作生产现代杂交肉鸡的专用母系。

（4）白科尼什鸡。原产于英国的康瓦尔，属肉用型。全身羽毛为白色，豆冠，喙、胫、皮肤为黄色，喙短粗而弯曲，胫粗大，站立时体躯高昂，好斗性强。肉用性能好，体躯大，胸宽，腿部肌肉发达，早期生长速度快，60 日龄体重可达 1.5~1.75kg，成年公鸡体重 4.5~5.0kg，母鸡体重 3.5~4.0kg，年产蛋 120 枚左右，蛋重 54~57g，蛋壳浅褐色。目前主要用作父本与母本白洛克品系配套生产肉用仔鸡。

（5）狼山鸡。原产于我国江苏省，属蛋肉兼用型。体型外貌最大特点是颈部挺立，尾羽高耸，背呈"U"形。单冠直立，喙、胫为黑色，胫外侧有羽毛。胸部发达，体高腿长。适应性强，抗病力强，胸部肌肉发达，肉质好。经江苏家禽研究所引入澳洲黑鸡血缘培育成"新狼山鸡"，显著提高了产蛋量。年产蛋达 192 枚，蛋重 57g，公鸡体重 3.4kg，母鸡体重 2.0~2.25kg。

其他标准品种见表 4-1。

表 4-1　其他标准品种

品种	原产地及经济类型	外貌特征	生产性能
新汉夏鸡	育成于美国新汉夏州，属蛋肉兼用型	体型外貌与洛岛红相似，但背部较短，羽毛颜色略浅，呈橙红色。单冠，无品变种	母鸡 7 月龄左右开产，年产蛋 170~200 枚，蛋重 60g，蛋壳深褐色。成年公鸡体重 3.0~3.5kg，母鸡 2.0~2.5kg

（续表）

品种	原产地及经济类型	外貌特征	生产性能
横斑洛克鸡	原产于美国普得茅斯洛克州，属兼用型，在我国称为芦花鸡	全身羽毛为黑白相间的横斑纹，单冠，耳叶红色。喙、胫和皮肤均为黄色	6~7月龄开产，年产蛋170~180枚，高产品系达230~250枚，蛋重50~55g，蛋壳淡褐色。成年公鸡体重4.0~4.5kg，母鸡3.0~3.5kg
浅花苏赛斯鸡	原产于英国的英格兰苏赛斯，属肉蛋兼用型	体型长宽而深，胫短。单冠，耳叶红色，皮肤白色	产肉性能良好，易育肥。年产蛋150枚，蛋重56g左右，蛋壳浅褐色。成年公鸡4kg，母鸡3kg左右
丝毛鸡	原产于我国，主要产区有江西、广东、福建等省。属观赏型或专用型	头小、颈短、脚矮，全身白羽，外貌与其他鸡种有明显差异。标准的丝毛乌骨鸡具有"十全"特征，即紫冠、缨头、绿耳、胡子、五爪、毛脚、丝毛、乌皮、乌骨、乌肉。此外，眼、喙、趾、内脏及脂肪均为黑色	成年公鸡体重为1.30~1.80kg，母鸡1.00~1.50kg，年产蛋80~120枚，蛋重40~45g，蛋壳淡褐色，就巢性强

2. 地方品种

（1）仙居鸡。原产于浙江省仙居县，是著名的蛋用型良种。体型较小、结实紧凑，体态匀称，动作灵敏，易受惊吓，属神经质型。单冠、颈长、尾翘、骨细，其外形和体态与来航鸡相似。毛色有黄、白、黑、麻雀斑色等多种，胫色有黄、青及肉色等。有就巢性，性成熟早，经过选育，在饲料配合较合理的情况下，年产蛋量210枚，最高为269枚，平均蛋重42g，蛋壳淡褐色。成年公鸡体重约1.5kg，母鸡1.0kg左右。

（2）浦东鸡。又称九斤黄鸡，原产于上海市黄浦江以东地区，属肉用型。母鸡羽毛多为黄色、麻黄色或麻褐色，公鸡多为金黄色或红棕色。主翼羽和尾羽黄色带黑色条纹。单冠，喙、脚为黄色或褐色，皮肤黄色。以体大、肉肥、味美而著称。7~8月龄开产，年产蛋120~150枚，蛋重55~60g，蛋壳深褐色。3月龄体重可达1.25kg，成年公鸡体重4~4.5kg，母鸡2.5~3kg。上海市农业科学院畜牧研究所经多年选育已育成新浦东鸡，其肉用性能已有较大提高。

（3）固始鸡。原产于河南省固始县，属蛋肉兼用型。固始鸡是我国目前品种资源保存最好、群体数量最大的地方鸡种。冠有单冠和豆冠两类，以单冠居多，冠叶分叉。耳叶红色，喙青黄色，胫青色。羽色以黄色、黄麻为主，尾羽有直尾和佛手状两种。6~7月龄开产，年产蛋量96~160枚，蛋重48~60g，蛋壳棕褐色。成年公鸡体重2~2.5kg，母鸡1.2~2.4kg。固始鸡具有个体较大，产蛋多，耐粗饲，抗病力强等特点。现由固始县"三高集团"对其开发利用，并培育出了乌骨型的新类群。

其他地方品种见表4-2。

表4-2　其他标准品种

品种	原产地及经济类型	外貌特征	生产性能
北京油鸡	产于北京郊区，属肉用型	具有三羽特征，即凤头、毛脚、胡子嘴。根据体型和毛色可分为黄色油鸡和红褐色油鸡两个类型。黄色油鸡羽毛浅黄色，单冠，脚羽发达	生长缓慢，性成熟晚，母鸡7月龄开产，年产蛋120枚左右，蛋重60g左右，蛋壳红褐色。成年公鸡体重2.5~3.0kg，母鸡2.0~2.5kg

（续表）

品种	原产地及经济类型	外貌特征	生产性能
寿光鸡	原产于山东寿光县，属肉蛋兼用型，以产大蛋而闻名	个体高大，体型有大、中两个类型。头大小适中，单冠，冠、肉髯、耳和脸均为红色，眼大有神，喙、跖、趾为黑色，皮肤白色，羽毛黑色	大型寿光鸡成年平均体重公鸡3.8kg，母鸡3.1kg，年产蛋90~100枚；中型寿光鸡平均体重公鸡3.6kg，母鸡2.5kg，年产蛋120~150枚。一般8~9月龄开始产蛋，蛋重较大，平均65g以上，蛋壳红褐色，厚而致密，不易破损
桃源鸡	原产于湖南桃源县，属肉用型	体格高大，近正方形。公鸡羽毛黄红色，母鸡多为黄色，单冠。公鸡头直立、胸挺、背平，脚高，尾羽翘起。母鸡头略小，颈较短，羽毛疏松，身躯肥大	开产日龄195~255天，年产蛋100~120枚，蛋重57g，蛋壳淡黄色。成年公鸡体重3.5~4kg，母鸡2.5~3kg。此鸡觅食力强，宜放养，肉质鲜美，富含脂肪，但生长慢、成熟晚
庄河鸡	原产地于辽宁省庄河市，吉林、黑龙江、山东、河南、河北、内蒙古等地也有分布，属蛋肉兼用型	体型魁伟，胸深且广，背宽而长，腿高粗壮，腹部丰满，以体大、蛋大、口味鲜美著称。觅食力强。公鸡羽毛棕红色，尾羽黑色并带金属光泽。母鸡多呈麻黄色，头颈粗壮，眼大明亮，单冠，耳叶红色，喙、胫、趾均呈黄色	成年体重公鸡为2.9~3.75kg，母鸡为2.0~2.3kg。开产日龄平均213天，年产蛋164枚左右，高的可达180枚以上，蛋重为62~64g，蛋壳深褐色
清远麻鸡	原产于广东清远市一带，属肉用型	其体型外貌可概括为"一楔、二细、三麻身"，"一楔"指母鸡体型像楔形，前躯紧凑，后躯肥圆；"二细"指头细、脚细；"三麻身"指母鸡背羽羽面主要有麻黄、麻棕、麻褐三种颜色。单冠直立，耳叶红色，喙黄脚黄	性成熟早，母鸡5~7月龄开产，年产蛋70~80枚，平均蛋重46.6g，蛋壳浅褐色。成年体重公鸡为2.18kg，母鸡为1.75kg。120日龄公鸡体重1.25kg，母鸡1.00kg

（续表）

品种	原产地及经济类型	外貌特征	生产性能
惠阳鸡	原产于广东省惠阳、博罗、惠东等县，属肉用型	颌下有发达而展开的胡须状髯羽，无肉垂或仅有一点痕迹。黄羽、黄喙、黄脚、胡须，短身、矮脚、易肥。单冠直立，胸较宽深，胸肌丰满	成年体重公鸡 1.5～2.0kg，母鸡 1.25～1.50kg。年产蛋 70～90 枚，蛋重47g，蛋壳浅褐色
霞烟鸡	原产于广西容县石寨乡下烟村一带，属于肉用型	体躯短圆，腹部丰满，胸宽、胸深与骨盆宽三者长度相近，整个外形呈方形。公鸡腹部皮肤多呈红色，母鸡羽毛黄色。单冠，耳叶红色，喙基部深褐色，喙尖浅黄色。皮肤白色或黄色	成年体重公鸡为 2.18kg，母鸡为 1.92kg。母鸡 170～180 日龄开产，年产蛋 110 枚左右，平均蛋重为 43.6g

3. 现代品种

（1）蛋鸡配套系。

①迪卡白鸡。是美国迪卡公司培育而成的四系配套高产白壳蛋鸡。具有开产早、产蛋多、饲养报酬高、抗病力强等特点。商品代开产日龄为 146 天，体重 1.32kg，72 周龄产蛋量 295～305 枚，平均蛋重 61.7g，料蛋比为 2.25 : 1。

②海兰白 W-36 鸡。是由美国海兰国际公司培育而成的白壳蛋鸡。该鸡体型小，性情温顺，耗料少，抗病能力强，适应性好，产蛋多，饲料转化率高，脱肛、啄羽发生率低。商品代 0～18 周龄成活率为 98%，18 周龄体重 1.28kg，开产日龄为 155 天，高峰期产蛋率为 93%～94%，入舍母鸡 80 周龄产蛋量 330～339 枚，产蛋期成活率 93%～96%，蛋重 63.0g，料蛋比 1.99 : 1。

③海赛克斯白鸡。是由荷兰优布里德公司培育而成。该鸡体型小，羽毛白色而紧贴，外形紧凑，生产性能好，属来航鸡型。商品代 0～18 周龄成活率为 96%，18 周龄体重 1.16kg，

开产日龄为 157 天。20~82 周龄平均产蛋率77%，入舍母鸡产蛋量 314 枚，平均蛋重 60.7g，料蛋比 2.34∶1。

④罗曼白壳蛋鸡。是由德国罗曼动物育种公司培育而成。商品代 0~20 周龄成活率 96%~98%，20 周龄体重 1.3~1.35kg，开产日龄为 150~155 天，高峰期产蛋率 92%~95%，72 周龄产蛋量 290~300 枚，平均蛋重 62~63g，产蛋期存活率 94%~96%，料蛋比为（2.1~2.3）∶1。

⑤北京白鸡。是由北京市种禽公司培育而成的三系配套轻型蛋鸡良种。具有单冠白来航的外貌特征，体型小，早熟，耗料少，适应性强。目前优秀的配套系是北京白鸡 938，商品代可根据羽速自别雌雄。0~20 周龄成活率 94%~98%，20 周龄体重 1.29~1.34kg，72 周龄产蛋量 282~293 枚，蛋重 59.42g，21~72 周存活率 94%，料蛋比（2.23~2.31）∶1。

⑥伊丽莎白壳蛋鸡。是由上海新杨种畜场育种公司培育出的蛋鸡新品种。具有适应性强、成活率高、抗病力强、产蛋率高和自别雌雄等特点。商品代 0~20 周龄成活率为 95%~98%，耗料 7.1~7.5kg/只，20 周龄体重 1.35~1.43kg，开产日龄为 150~158 天，高峰期产蛋率 92%~95%，入舍母鸡 80 周龄产蛋量 322~334 枚，平均蛋重 61.5kg，料蛋比（2.15~2.30）∶1。

⑦海兰褐蛋鸡。由美国海兰国际公司培育而成的高产蛋鸡。该鸡生活力强，产蛋多，死亡率低，饲料转化率高，适应性强。商品代可按羽色自别雌雄，0~18 周龄成活率为 96%~98%，18 周龄体重 1.55kg，开产日龄 151 天，高峰期产蛋率 93%~96%。72 周龄入舍母鸡产蛋量 299 枚，平均蛋重 63.0g，产蛋期成活率 95%~98%，料蛋比（2.2~2.5）∶1。

⑧迪卡褐蛋鸡。是由美国迪卡布家禽研究公司培育的四系配套高产蛋鸡。该鸡适应性强，发育匀称，开产早，产蛋期长，蛋重大，饲料转化率高。商品代雏鸡可用羽毛自别雌雄，

0～18周龄成活率为97%，18周龄体重1.540kg，0～20周龄每只鸡耗料7.7kg，开产日龄为150～160天，入舍母鸡72周龄产蛋285～292枚，平均蛋重64.1g，产蛋期存活率95%，料蛋比（2.3～2.4）：1。

⑨伊莎褐蛋鸡。是由法国伊莎公司育成的四系配套高产褐壳蛋鸡。商品代雏鸡可按羽色自别雌雄，该鸡以高产、适应性强、整齐度好而闻名。0～20周龄成活率为98%，21～74周龄成活率93%，开产日龄168天，76周龄入舍母鸡产蛋量292枚，产蛋期存活率93%，料蛋比（2.4～2.5）：1。

⑩海赛克斯褐蛋鸡。是由荷兰尤里德公司培育的四系配套高产蛋鸡。该鸡以适应性强、成活率高、开产早、产蛋多、饲料报酬高而著称。商品代雏鸡可按羽毛自别雌雄，0～18周龄成活率为97%，开产日龄158天，入舍母鸡78周龄产蛋307枚，平均蛋重63.2g，料蛋比2.39：1。

⑪罗曼褐蛋鸡。是由德国罗曼动物育种公司培育而成的四系配套褐壳蛋鸡。商品代雏鸡可按羽毛自别雌雄。该鸡适应性好，抗病力强，产蛋量多，蛋重大，饲料转化率高，蛋的品质好。0～18周龄成活率为97%～98%，20周龄体重1.5～1.6kg，开产日龄145～150天，入舍母鸡72周龄产蛋量295～305枚，平均蛋重63.5～65.5g，产蛋期存活率94%～96%，料蛋比（2.0～2.1）：1。

⑫农大褐3号矮小型蛋鸡。是由中国农业大学培育而成。体型小，成年鸡体重比普通蛋鸡小25%左右，为1.55～1.650kg。耗料少，比普通蛋鸡少20%，饲料转化率比普通鸡提高15%～20%。0～18周龄成活率为95%，18周龄体重1.20～1.25kg，开产日龄130天左右，72周龄入舍鸡产蛋数276枚，平均蛋重58g，料蛋比（2.0～2.1）：1。

⑬亚康蛋鸡。是由以色列PBU家禽育种公司培育而成的

高产浅粉壳蛋鸡，具有体型小、适应性强、产蛋率高的特点。商品代雏鸡可按羽速自别雌雄。0～20周龄成活率为95%～97%，20周龄体重1.5kg，开产日龄为152～161天，72周龄入舍母鸡产蛋量270～285枚，平均蛋重61～63g。

⑭海兰粉壳蛋鸡。是由美国海兰公司培育而成的高产粉壳蛋鸡。商品代0～18周龄成活率为98%；18周龄体重1.45kg，开产日龄155天，高峰期产蛋率94%；20～74周龄饲养日产蛋数304枚，成活率达93%；蛋重67.3g，料蛋比2.3∶1。

（2）肉鸡配套系。

①艾维茵肉鸡。是由美国艾维茵国际有限公司育成的三系配套杂交鸡。该肉鸡体型较大，商品代肉用仔鸡羽毛白色，皮肤黄色而光滑，增重快，饲料利用率高，适应性强。商品代混合雏42日龄体重1.859kg，料肉比为1.85∶1；49日龄体重2.287kg，料肉比1.97∶1；56日龄体重2.722kg，料肉比2.12∶1。

②爱拔益加肉鸡。简称"AA"肉鸡，是由美国爱拔益加种鸡公司育成的四系配套杂交鸡。具有体型较大、胸宽、腿粗、肌肉发达、生长速度快、饲养周期短、饲料利用率高、耐粗饲、适应性强等优点。商品代混合雏42日龄体重1.863kg，料肉比为1.78∶1；49日龄体重2.306kg，料肉比1.96∶1；56日龄体重2.739kg，料肉比2.14∶1。

③罗曼肉鸡。是由德国罗曼动物育种公司育成的四系配套杂交鸡。该肉鸡体型较大，商品代肉用仔鸡羽毛白色，幼龄时期生长速度快，饲料转化率高，适应性强，产肉性能好。商品代混合雏42日龄体重1.65kg，料肉比为1.90∶1；49日龄体重2.0kg，料肉比2.05∶1；56日龄体重2.35kg，料肉比2.20∶1。

④红宝肉鸡。又称红波罗肉鸡，是由加拿大谢弗种鸡有限

公司育成的四系配套杂交鸡。商品代为有色红羽，具有三黄特征，即黄喙、黄腿、黄皮肤，冠和肉髯鲜红，胸部肌肉发达。商品代混合雏 40 日龄体重 1.29kg，料肉比为 1.86：1；50 日龄体重 1.73kg，料肉比 1.94：1；62 周龄体重 2.2kg，料肉比 2.25：1。

⑤石岐杂肉鸡。是香港渔农处根据香港的环境和市场需求，选用广东 3 个著名的地方良种——惠阳鸡、清远麻鸡和石岐鸡为主要改良对象，并先后引用新汉夏、白洛克、考尼什和哈巴德等外来品种进行杂交育成。保持了三黄鸡的黄毛、黄皮、黄脚、黄脂、短腿、单冠、圆身、薄皮、细骨、脂丰、肉厚、味浓等多个特点，此外还具有适应性好、抗病力强、成活率高、个体发育均匀等优点。商品代 105 日龄体重 1.65kg，料肉比 3.0：1。

第二节　蛋用型鸡的饲养管理

一、雏鸡的饲养管理

雏鸡的饲养管理简称育雏。无论是饲养商品蛋鸡，还是饲养种鸡，都首先要经历育雏这一阶段。育雏工作的好坏直接影响到雏鸡的生长发育和成活率，也影响到成年鸡的生产性能和种用价值，与养鸡效益的高低有着密切关系。因此，育雏作为养鸡生产的重要一环，关系到养鸡的成败。

1. 育雏方式

人工育雏方式根据对空间的利用不同分平面育雏和立体育雏两种类型。

（1）平面育雏。指把雏鸡饲养在铺有垫料的地面上或饲养在具有一定高度的单层网平面上的育雏方式。广大农户常采用这种方式育雏。在生产中，又将平面育雏分为更换垫料育雏、厚垫料育雏和网上育雏 3 种方式。

①更换垫料育雏。将雏鸡饲养在铺有垫料的地面上，地面可以是水泥地面、砖地面、泥土地面或炕面，垫料厚 3～5cm，并经常更换，以保持舍内清洁温暖。其供温方式有保温伞、红外线灯、火炕、烟道、火炉、热水管等。更换垫料育雏的优点是比较简单，无须特别设备，投资少。其缺点是雏鸡与粪便经常接触，容易感染疾病，特别是易发生白痢病和球虫病，且占用房舍面积较大，付出的劳动较多。

②厚垫料育雏。指在育雏过程中只加厚而不更换垫料，直至育雏结束才清除垫料的一种平面育雏方式。其具体做法是：先将育雏舍打扫干净后，再撒一层生石灰（每平方米撒布 1kg 左右），然后铺上 5～6cm 的垫料，垫料要求清洁干燥、质地柔软，禁用霉变、腐烂、潮湿的垫料。育雏两周后，开始增铺新垫料，直至厚度达到 15～20cm 为止。垫料板结时，可用草叉子上下抖动，使其松软，育雏结束后将所有垫料一次性清除掉。其供温方式可采取保温伞、红外线灯、烟道、火炉、热水管等。厚垫料育雏的优点是：因免换垫料而节省了劳动力，且由于厚垫料发酵产热而提高了舍温；在微生物的作用下垫料中能产生维生素 B_{12}，可被雏鸡采食；雏鸡经常扒翻垫料，可增加运动量，增进食欲，促进生长发育。其缺点是雏鸡与粪便经常接触，容易感染疾病，特别是易发生白痢病和球虫病。

③网上育雏。就是利用铁丝网或塑料网代替地面，一般网面离地面 50～60cm，网眼为 1.25cm×1.25cm。其供温方式有地上烟道、热水管、热气管、排烟管等。这种育雏方式，由于鸡粪直接从网眼漏下，雏鸡不与粪便直接接触，卫生状况较好，有利于防止雏鸡白痢和球虫病，但投资较大，对饲养管理技术要求较高，还要注意通风和防止营养缺乏症的发生。

（2）立体育雏（笼育）。即将雏鸡饲养在层叠式的育雏笼内。育雏笼一般分为 3~5 层，多用镀锌或涂塑铁丝制成，网底也可用塑料网。鸡粪从网眼漏到挡粪板上，定期清洗。常用电热丝、热水管等作为热源，条件好的可选用能自动控温的电热育雏笼。

立体育雏与平面育雏相比，其优点是能充分利用育雏舍空间，提高了单位面积利用率和生产率；节省了垫料，热能利用更为经济；与网上育雏一样，雏鸡不与粪便直接接触，有利于对白痢病、球虫病的预防。但需投资较多，在饲养管理上要控制好舍内育雏所需条件，供给营养完善的日粮，保证雏鸡生长发育的需要。

2. 初生雏的选择、接运与安置

（1）初生雏的选择。挑选优质健康的雏鸡，剔除病、弱雏，是提高育雏率、培育出优良种鸡和高产蛋鸡的关键一环，因而生产中要做好选雏工作。健康雏鸡体格结实，手握感觉充实，有弹性。精神饱满，活泼好动，绒毛干净整齐，有光泽，卵黄吸收良好，脐口平整光滑，眼大有神，叫声响亮，体重大小适宜，腹部柔软。弱雏表现体质较弱，站立不稳或不能站立，精神迟钝，绒毛粘有蛋壳膜、干燥，腹部大而硬，脐口愈合不良或有肉钉。

（2）初生雏的接运与安置。接雏时应剔除体弱、畸形、伤残的不合格雏鸡，并核实雏鸡数量，请供方提交有关资料。如果孵化厂有专门的送雏车，养鸡户应尽量使用，因为孵化厂的车辆发送初生雏，相对符合疫病预防和雏鸡质量控制的要求。如果孵化厂没有运雏专车，养鸡户应自备。自备车辆时，要达到保温、通风的要求，适于雏鸡运输。接雏车使用前应冲洗消毒干净，符合防疫卫生标准要求。装雏工具最好选用纸质或塑料专用运雏箱。纸质箱通风、保温性能良好；塑料箱受热易变形，受冻易断裂，装鸡后箱内易潮湿，一般用于场内周转和短途运输，但塑料箱容易消毒和能够反复使用。夏季运雏要带遮阳、防雨用具，冬春运雏要带棉被、毛毯等。

从保证雏鸡的健康和正常生长发育考虑，适宜的运雏时间应在雏鸡绒毛干燥后，至出壳48h（最好不超过36h）前进行。冬天和早春应选择在中午前后气温相对较高的时间启运；夏季运雏最好安排在早、晚进行。

在运雏途中，一是要注意行车的平稳，启动和停车时速度要缓慢，上下坡宜慢行，以免雏鸡挤到一起而受伤；路面不平时宜缓行，减少颠簸震动。二是掌握好保温与通气的关系。运雏中保温与通气是一对矛盾，只保温不通气，会使雏鸡发闷、缺氧，严重时会导致窒息死亡；反之，只注重通气，而忽视保温，易使雏鸡着凉感冒。运雏箱内的适宜温度为24~28℃。在运输途中，要经常检查，观察雏鸡的动态。若雏鸡张口呼吸，说明温度偏高，可上下前后调整运雏箱，若仍不能解决问题，可适当打开通风孔，降低车厢温度；若雏鸡发出"叽叽"的叫声，说明温度偏低，应打开空调升温或加盖床单甚至棉被，但不可盖得太严。检查时如发现雏鸡挤堆，就要用手轻轻地把雏鸡堆推散。

雏鸡箱卸下时应做到快、轻、稳，雏鸡进舍后应按体质强弱分群饲养。冬季舍内外温差太大时，雏鸡接回后应在舍内放置30min后再分群饲养，使其适应舍内温度。

3. 雏鸡的饲养

（1）开饮。雏鸡第一次饮水称为开饮。雏鸡接入育雏室稍加休息后，要尽快饮水，饮水后再开食，以利于排尽胎粪和体内剩余卵黄的吸收，也有利于增进食欲。最初，可用温开水或3%~5%的糖水，经1周左右逐渐过渡到用自来水。初饮时加抗生素、维生素，有良好的效果，常用0.02%~0.03%的高锰酸钾水或在水中加入抗鸡白痢的药物（如土霉素等）。饮水要始终保持充足、清洁，饮水器每天要洗刷 1~2 次，按需要配足，并均匀分布于鸡舍内。饮水器随鸡日龄增大而调整。立体笼育时开始在笼内放饮水器饮水，一周后应训练在笼外水槽饮水；平面育雏时应随日龄增大而调整高度。开饮时，还应特别注意防止雏鸡因长时间缺水而引起暴饮。

（2）开食。雏鸡出壳后第一次吃食称为开食。过早开食，雏鸡无食欲；过迟开食，雏鸡体力消耗过大，影响生长和成活。一般在出壳后 24~36h 开食。实践中以 1/3~1/2 雏鸡有啄食行为表现时开食为宜，最迟不超过 48h。开食常用玉米、小米、全价颗粒料、碎粒料等。小米用开水烫软，玉米粉用水拌湿在锅内蒸，放凉后用手搓开，然后直接撒在牛皮纸上或深色塑料布上，让鸡自由采食。经 2~3 天后逐渐过渡到采用料槽或料桶饲喂全价配合饲料。在生产实践中，大部分鸡场直接用全价颗粒饲料开食。

（3）喂饲。饲喂时应遵守少喂勤添的原则，第一天喂 2~3 次，以后每天喂 5~6 次，随着鸡日龄的增大，饲喂次数减少，到 6 周龄减少到每天 4 次。要保证足够的槽位，确保所有雏鸡同时采食。为提高雏鸡的消化能力，从 10 日龄起可在饲料中加入少量干净细砂。

（4）饲料配合。在配制雏鸡饲料时，要充分考虑当地的饲料资源，参考我国鸡的饲养标准，配制符合不同阶段雏鸡营养需要的全价日粮，以满足其营养需要。同时，应考虑饲料的适口性和消化性等。

4. 雏鸡的管理

（1）温度。适宜的环境温度是育雏的首要条件。温度是否得当，直接影响雏鸡的活动、采食、饮水和饲料的消化吸收，关系到雏鸡的健康和生长发育。

刚出壳的雏鸡绒毛稀而短，胃肠容积小，采食有限，产热少，易散热，抗寒能力差，特别是 10 日龄前雏鸡体温调节功能还不健全，必须随着羽毛的生长和脱换才能适应外界温度的变化。因此，在开始育雏时，要保证较高的环境温度，以后随着日龄的增长再逐渐降至常温。

育雏温度是指育雏器下的温度。育雏舍内的温度比育雏器下的温度低一些，这样可使育雏舍地面的温度有高、中、低三种差别，雏鸡可以按照自身的需要选择其适宜温度。培育雏鸡的适宜温度见表4-3。

表 4-3 适宜的育雏温度

周龄	舍温（℃）	育雏器温度（℃）
进雏 1~2 日龄	24	35
1	24	32~35
2	21~24	29~32
3	18~21	27~29
4	16~18	24~27
5	16~18	21~24
6	16~18	18~21

平面育雏时，若采用火炉、火墙或火炕等方式供温，测定育雏温度时要把温度计挂在离地面或炕面5cm处。育雏温度，进雏后 1~3 天为 34~35℃，4~7 天降至 32~33℃，以后每周下降 2~3℃，直至降到 18~20℃ 为止。

测定舍温的温度计应挂在距离育雏器较远的墙上，高出地面1m处。

育雏的温度因雏鸡品种、气候等不同和昼夜更替而有差异，特别是要根据雏鸡的动态来调整。夜间外界温度低，雏鸡歇息不动，育雏温度应比白天高 1℃。另外，外界气温低时育雏温度通常应高些，气温高时育雏温度则应低些；弱雏的育雏温度比强雏高一些；蛋用型鸡比肉用型鸡低些。

给温是否合适也可从观察雏鸡的动态获知。温度正常时，雏鸡神态活泼，食欲良好，饮水适度，羽毛光滑整齐，白天勤于觅食，夜间均匀分散在育雏器的周围。温度偏低时，雏鸡靠近热源，拥挤扎堆，时发尖叫，闭目无神，采食量减少，有时被挤压在下面的雏鸡发生窒息死亡。温度过低，容易引起雏鸡感冒，诱发白痢病，使死亡率增加。温度高时，雏鸡远离热源，展翅伸颈，张口喘气，频频饮水，采食量减少。长期高温，则引起易雏鸡呼吸道疾病和啄癖等。

（2）湿度。湿度虽不如温度重要，但掌握不当，也会对雏鸡的生长和健康造成很大影响。雏鸡出壳后，由于体内水分随着呼吸和室温升高而大量散发，同时雏鸡早期采食和饮水较少，所以 1~10 日龄室内湿度要求达 60%~65%，有利于雏鸡对剩余卵黄的吸收，防止脚趾干疮，羽毛焦脆。10 日龄后由于体重的增加，采食和饮水的增多，呼吸和排粪量也随之增多，育雏室容易潮湿，为防止球虫病的发生，相对湿度应保持在 50%~60%。常用的增湿办法是在室内挂湿帘、火炉上放水盆产生水汽或直接向地面洒水。常用的降湿办法是加强通风换气、更换垫料、防止饮水器漏水等。判断室内湿度是否正常，除看湿度计外，可根据人的感觉和雏鸡表现来判断。若人入室后，感到湿热，不觉得鼻干、口燥，雏鸡活动时无灰尘，则表明湿度适宜。在生产中应特别注意高温高湿和低温高湿对鸡的影响。高温高湿易发生球虫病，低温高湿鸡易感冒。

（3）通风换气。雏鸡代谢旺盛，呼吸快，加之鸡群密集，需要较多的新鲜空气。如果污浊气体不能及时排出，时间长，就会引起呼吸道疾病及其他疾病的发生。因此，必须注意通风换气。开放式鸡舍主要通过开关门窗来换气，密闭式鸡舍主要靠动力通风换气。通风时应尽量避免冷空气直接吹入。在生产中一定要处理好通风与保温的关系，室内通风是否正常，主要以人的感觉，即是否闷气及呛鼻子、刺眼睛、有无过分臭味等来判定。以人在鸡舍感觉不到闷气，无呛鼻刺眼睛、过分臭味为宜。

（4）光照。光照与雏鸡的健康和性成熟有密切关系，在育雏中要掌握适宜的光照时间和光照强度，既保证鸡体健康，又防止早熟或晚熟。光照分自然光照和人工光照两种。

①光照原则。开产前，每天光照时数应保持恒定或逐渐减少，切勿增加。否则鸡会早熟，影响将来的产蛋。

②光照方法。在密闭式鸡舍里，光照较易控制。其光照制度为：1~3 日龄每天光照 24h，使鸡的采食和饮水有一个良好的开端；4 日龄至 2 周龄每天减少 1.5h 光照时间，减到每天光照 10h；3~20 周龄每天均保持 10h。在开放式鸡舍里，若生长期遇到自然光照逐渐减少，可利用自然光进行光照，不需要补充光照；若生长期遇到自然光照逐渐增加，不能利用自然光，必须用人工补充光照。补充光照的方法有每天光照时数恒定法和每天光照时数渐减法。

每天光照时数恒定法：首先查出生长期所处最长的自然日照时数，以此时数为标准，自然光照不足部分用人工补充，使其成为定值。1~3 日龄每天光照 24h，4 日龄至 20 周龄每天光照时数为生长期最长的自然日照时数，不足部分用人工补够。

每天光照时数渐减法：首先查出生长期最长的自然日照时数，1~3 日龄每天光照时数 24h，4~7 日龄每天光照时数为生长期最长的自然日照时数加 7h，从第二周起，每周减少 20min，减到生长期最长的自然日照时数，然后进入产蛋期。光照强度第一周 10~20lx，第二周后改用 5~10lx。

③鸡舍光源的安置。在鸡舍安置光源时，应以照度均匀为原则。若安置两排以上光源应交错分布。目前鸡舍的光源常采用白炽灯，但也有用节能荧光灯的。研究表明，白炽灯的饲养效果好于荧光灯。灯泡离墙的距离为灯泡间距的一半，灯泡间距为灯泡离地距离的 1.5 倍，灯泡离地面的距离以工作人员走动方便、便于清洁为宜。灯泡离地面的距离一般为 2m，则灯泡间距为 3m，灯泡离墙的距离为 1.5m。

④补充光照的方式。鸡舍补充光照的方式有天亮之前补充、天黑以后补充、天亮之前补一部分天黑以后补一部分 3 种方式。目前常采用天亮之前补一部分天黑以后补一部分。

（5）密度。每平方米地面或笼底面积饲养的雏鸡数称为饲养密度，简称密度。它与雏鸡的正常发育和健康均有关系。密度过大，会造成室内空气污浊，卫生条件差，易发生啄癖和感染疾病，鸡群拥挤，采食不均，发育不整齐；密度过小，房屋和设备利用率低，育雏成本高，同时也难保温。适宜的密度见表 4-4。

表 4-4　每平方米饲养雏鸡只数　　　　　　　　　单位：只

周龄　饲养方式	地面平养	网上平养	笼养
1~2	30	40	60
3~4	25	30	40
5~6	20	25	30

（6）断喙。断喙是防止啄癖发生的最有效措施。同时断喙还可以防止雏鸡扒损饲料，以减少饲料的浪费。蛋鸡生产中一般分两次断喙，第一次多在 6~10 日龄进行；第二次一般在第 12 周龄进行，主要是对第一次断喙效果不好的鸡进行修剪。

用专用断喙器断喙时，左手握雏，大拇指放在鸡脑后部，食指轻压咽喉部，使鸡缩舌，选择适当的孔径（一般为0.44cm），然后将喙插入断喙器上的小孔内，电热刀片从上向下切开，并烧烙 3s 止血。

（7）护理。育雏期间，应经常检查料槽、水槽的位置是否合适、够用。注意观察鸡群的采食饮水情况和雏鸡的精神状态，如发现问题，要及时分析原因，并采取对应措施加以解决。早晨注意观察粪便形状及颜色，夜间应注意观察鸡群睡眠是否正常，有无异常呼吸声音等。此外，还应注意有无野兽和老鼠等出入，以防惊群和意外伤亡。

（8）疾病防治。疾病防治是育雏获得成功的保证。用药物预防的疾病主要有鸡白痢、鸡球虫病。如 7～10 日龄时，在饲料或饮水中添加土霉素、链霉素等药物，预防鸡白痢的发生；15～60 日龄时，在日粮中添加 0.0125% 球痢灵或 0.02% 磺胺敌菌净合剂等，预防球虫病的发生。鸡的用药一般以 5～7 天为一个疗程。鸡的球虫病也可以用疫苗预防。

用疫苗接种预防的疾病有禽流感、鸡新城疫、鸡马立克氏病、鸡传染性法氏囊病、鸡传染性支气管炎、鸡痘等。各鸡场应结合实际情况制定切实可行的免疫程序。

（9）日常管理。

①人员进舍前应更衣、换鞋、消毒。换下的衣物不能带入舍内。

②注意观察鸡群，观察时从行为活动、采食、饮水、粪便等方面进行。

③注意观察料槽、饮水器、灯泡、供温设备是否正常，若有损坏及时修理。

二、育成鸡的饲养管理

7~20 周龄这个阶段叫育成期，处于这个阶段的鸡叫育成鸡（也叫青年鸡、后备鸡）。育成鸡生长发育旺盛，抗逆性增强，疾病也少。因此，鸡进入育成期后，在饲养管理上可以粗放一点，但必须在培育上下功夫，使其在以后的产蛋期保持良好的体质和产蛋性能，种用鸡发挥较佳的繁殖能力。

1. 育成鸡的饲养方式

（1）地面平养。指地面全铺垫料（稻草、麦秸、锯末、干沙等），料槽和饮水器均匀地布置在舍内，各料槽、水槽相距在 3m 以内，使鸡有充分采食和饮水的机会。这种方式饲养育成鸡较为落后，稍有条件和经验的养鸡者已不再采用这种方式。

（2）栅养或网养。指育成鸡养在距地面 60cm 左右高的木（竹）条栅或金属网上，粪便经栅条之间的间隙或网眼直接落于地面，有利于舍内卫生和定期清粪。栅上或网上养鸡，其温度较地面低，应适当地提高舍温，防止鸡相互拥挤、扎堆，同时注意分群，准备充足的料槽、水槽（或饮水器）。栅上或网上养鸡，取材方便，成本较低，应用广泛。

（3）栅地结合饲养。以舍内面积 1/3 左右为地面，2/3 左右为栅栏（或平网）。这种方式有利于舍内卫生和鸡的活动，也提高了舍内面积的利用，增加鸡的饲养只数。这种方式应用不太普遍。

（4）笼养。指育成鸡养在分层笼内，专用的育成鸡笼的规格与幼雏笼相似，只是笼体高些，底网眼大些。分层育成鸡笼一般为 2~3 层，每层养鸡 10~35 只。这种方式应提倡发展。

笼养育成鸡与平养相比，由于鸡运动量减少，开产时体重稍大，母鸡体脂肪含量稍高，故对育成鸡应采取限制饲养，定期称重，测量胫长，以了解其生长发育和饲养是否合适，以便及时调整。

2. 育成鸡的饲粮配合

根据育成鸡的生理特点，在育成期如果给予充足的能量和蛋白质，容易引起早熟和过肥。因此，日粮中应适当降低能量和蛋白质的水平。9～18 周龄蛋白质和代谢能分别为 15.5% 和 11.70MJ/kg；钙和有效磷之比为（2.0～2.5）∶1，不可过量，防止骨骼过早沉积钙量，影响产蛋期对钙的吸收和代谢；日粮中可适当增加糠麸类的比例，粗纤维可控制在 5% 左右。

3. 育成鸡的限制饲养

限制饲养简称限饲，就是人为地控制鸡的采食量（限量法）或者降低饲料营养水平（限质法），以达到控制体重和防止性早熟的目的。

（1）限质法。限质法就是使日粮中某些营养成分的含量低于正常水平，造成营养成分不平衡，使生长速度降低。包括低能量日粮、低蛋白日粮、低赖氨酸日粮等。通常将日粮中粗蛋白降至 13%～14%，代谢能比正常低 10% 左右，赖氨酸含量降到 0.4%。

（2）限量法。限量法就是通过控制其喂料量来达到限饲的目的。鸡群限饲时所用的饲料必须是全价饲料，喂料量限制在大约为自由采食量的 90%。限量的方法常用的有隔日限饲、每日限饲和每周饥饿两天（简称 5/2 限饲法）的限制饲养方法等。每日限饲是指将每天限定的饲料量一次投喂，即一天只加一次料。隔日限饲是指将两天限定的饲料量在第一天喂给，第二天只加水不加料。每周饥饿两天的限制饲养是指将一周限定的饲料量平均分在 5 天饲喂，有两天只加水不加料。一般情况下，每周的星期一、星期三不加料，只加水，饲料平均分在其他 5 天喂。目前，实践中常采用限量法，蛋鸡多采用每日限饲和每周饥饿两天的限制饲养方法。

4. 育成鸡的管理

（1）前期管理。

①育成期初的过渡。

转群：育雏结束后将雏鸡由育雏舍转入育成舍，转群一般在 6~7 周龄进行。转群前 1~2 周应按体重大小分别饲养在不同的笼内；转群前 3~5 天，应按应激时维生素的需要量补充维生素；转群前 6h 停止喂料；转群后应尽快恢复喂料和饮水，饲喂次数增加 1~2 次；由于转群的影响，可在饲料中添加 0.02% 多种维生素和电解质；转群后，为使鸡尽快适应环境，应给予 48h 连续光照，两天后恢复正常的光照制度。

脱温：鸡饲养到 30~45 日龄时脱温。脱温应逐渐进行，常采用夜间加温、白天停温，阴雨天加温、晴天停温，逐渐减少加温时间，经过 1 周左右过渡，完全停温。

换料：育雏结束后将雏鸡料换成育成鸡料。换料应逐步进行，需 1~2 周的过渡。若鸡群健康，整齐一致，可采用五、五过渡，即 50% 的育雏料加 50% 的育成料，混合均匀，饲喂 1 周，第二周全部喂育成料。若鸡群不整齐，采用三、七过渡，再加 1 周五、五过渡。即第一周 70% 的育雏料加 30% 的育成料，饲喂 1 周，50% 的育雏料加 50% 的育成料再饲喂 1 周，第三周全部改喂育成料。

②增加光照。育成鸡光照的原则是每天光照时数应保持恒定或逐渐减少，切勿增加。若自然光照不能满足需要，用人工补充。

③整理鸡群。育成前期应按体重大小强弱分群，不同群不同对待。

（2）日常管理。

①训练上栖架。鸡有登高栖息的习性，育成鸡平养时，上栖架既有利于鸡体健康，避免夜间鸡群受惊受潮，又可防止因挤压而发生伤亡。栖架一般用 4cm×6cm 的木棍或木条制作，每只鸡占有 10~20cm 的位置，斜立或平立均可，高度为 60~80cm，间距 30~35cm。

②定期称重。体重是衡量鸡群生长发育的重要指标之一，要求每周称重一次，然后求出平均体重，平均体重和标准体重对照，调整饲喂量，以得到比较理想的体重。

③搞好卫生防疫。定期清扫鸡舍，更换垫料，注意通风换气，执行严格的消毒制度。

④保持环境安静、稳定。要尽量减少应激，避免外界的各种干扰，抓鸡、注射疫苗等动作要轻，不能粗暴，转群最好在夜间进行。另外，不要随意变动饲料配方和作息时间，饲养人员也应相对固定。

⑤选择淘汰。在育成过程中，要勤观察鸡群的状况，结合称重结果，对体重不符合标准的鸡以及病、弱、残鸡应尽早淘汰，以免浪费饲料和人力。一般在 6~8 周龄即育雏期结束转入育成期时进行初选，第二次一般在 18~20 周龄时结合转群或接种疫苗进行。

（3）开产前的管理。

①转群。转群一般在 17~18 周龄由育成鸡舍转入产蛋鸡舍。

②补钙。研究发现，形成蛋壳的钙约有 25% 来自骨髓，75% 来自日粮。因此，开产前必须为产蛋储备充足的钙，在鸡群达到开产体重至产蛋率达到 1% 期间，应将日粮的含钙量提高到 2%；当产蛋率达到 1% 后应立即换成高钙日粮，而且日粮中有 1/2 的钙以颗粒状（直径 3~4mm）石灰石或贝壳粒供给。

③控制体重。限饲是控制体重的唯一方法。体重控制是根据实际情况灵活掌握，只有育成鸡体重超过标准体重时，才进行限制饲养。当平均体重超过标准体重1%时，下周喂料量在标准喂料量的基础上减少1%；当平均体重低于标准体重时，下周喂料量在标准喂料量的基础上增加1%。

④自由采食。若育成鸡体重低于标准体重时不限饲，采用自由采食。

第三节　肉用仔鸡的饲养管理

一、肉用仔鸡的生产特点

1. 早期生长速度快，饲料利用率高

一般肉用仔鸡出壳时体重仅有40g左右，在良好的饲养管理条件下，经7~8周体重可达2 500g以上，是出生重的60多倍。由于肉用仔鸡生长速度快，所以饲料利用率较高。一般在饲养管理条件较好的情况下，料肉比可达2：1，高者可达到（1.72~1.95）：1，明显高于肉牛、肉猪。

2. 饲养周期短、资金周转快

肉仔鸡一般8周龄左右达上市标准体重，国外可提前到6~7周龄出场上市，出场后，打扫、清洁、消毒鸡舍用2周时间，然后进下一批鸡，9~10周一批，一年可生产5~6批。如一间能容纳2 000只鸡的鸡舍，一年能生产1万只肉用仔鸡。因此大大提高了鸡舍和设备利用效率，投入的资金周转快，可在短期内受益。

3. 饲养密度大，劳动效率高

肉用仔鸡性情安静，体质强健，大群饲养很少出现打斗现

象，具有良好的群居习性，适于大群高密度饲养。为了获得最大的经济效益，可将上万只甚至几万只鸡组为一群进行饲养。在一般的厚垫料平养条件下，每平方米可饲养 12 只左右。在机械化、自动化程度较高的情况下，每个劳动力一个饲养周期内可饲养 1.5 万~2.5 万只，年均可达到 10 万只水平，大大提高了劳动效率。

4. 屠宰率高，肉质嫩

肉用仔鸡由于生长期短，肉质较嫩，易于加工。鸡肉中蛋白质含量较高，脂肪含量适中，是人们较佳的肉食品之一。

二、肉用仔鸡的饲养方式

1. 厚垫料平养

就是将肉用仔鸡饲养在铺有厚垫草的地面上。根据房舍条件，舍内地面可采用水泥地面、砖地面、泥土地面等。所用垫料一般是吸水性强、清洁不霉变的稻草、麦秸、玉米芯、刨花、锯末等，稻草和麦秸应铡成 3~5cm 长。垫料厚度一般为10~12cm。垫料铺好后将饮水器和食盘等用具挂在保温伞周围摆放整齐。

这种饲养方式的优点是设备简单、投资少，垫料可以就地取材，雏鸡可以自由活动，光照充足，鸡体健壮。缺点是饲养密度小，雏鸡与鸡粪直接接触，容易感染疾病，特别是球虫病。同时需要大量的垫料，饲养人员劳动强度大，饲养定额低。

2. 网上饲养

就是把肉用仔鸡饲养在舍内高出地面60~70cm 的铁丝网或塑料网上，粪便通过网孔漏到地面上，一个饲养周期清粪一次。网孔约为 2.5cm×2.5cm，头 2 周为了防止雏鸡脚爪从孔隙落下，可在网上铺上网孔 1.25cm×1.25cm 的塑料网、硬纸或 1cm 厚的整稻草、麦秸等，2 周后撤去。网片一般制成长 2m、宽 1m 的带框架结构，并以支撑物将网片撑起。网片要铺平，并能承重饲养人员在上面操作，便于管理。为了防止雏鸡粪便中的水分蒸发造成湿度增加和氨气的增多，可在地面上铺 5cm 厚的垫料，吸收水分和吸附有害气体，防止地面产生的冷空气侵袭雏鸡腹部，使其腹泻。

网上饲养可避免雏鸡与粪便直接接触，减少疾病的传播，不需要更换垫料，减少肉用仔鸡活动量，降低维持消耗，卫生状况较好，有利于防止雏鸡白痢和球虫病，但一次性投资较多，对饲养管理技术要求较高，要注意通风，防止维生素及微量元素等营养物质的缺乏。

3. 笼养

就是将雏鸡养在 3~5 层的笼内。笼养提高了房舍利用率，便于管理。由于鸡活动量小，可节省饲料。笼养具有网上饲养的优点，可提高劳动效率。但需要一次性投资大，电热育雏笼对电源要求严格，鸡舍通风换气要良好，并要求较高的饲养管理技术，现代化大型肉鸡场使用会收到更好的效益。

三、肉用仔鸡的营养需要

肉用仔鸡具有快速生长的遗传特性，营养需要是充分发挥其特性的基本条件。肉用仔鸡对营养要求严格，应保证供给其高能量、高蛋白及维生素、微量元素丰富而平衡的日粮。肉用仔鸡对营养物质需要的特点是：前期蛋白质高、能量低，后期蛋白质低、能量高。这是因为，肉用仔鸡早期组织器官发育需要大量优质蛋白质，而后期脂肪沉积能力增加，需要较高的能量。目前饲养速长型肉用仔鸡，饲养期可分为 3 个阶段：0~21 日龄为饲养前期，22~42 日龄为饲养中期，42 日龄以后为饲养后期。按我国现行肉用仔鸡饲养标准要求，0~21 日龄：蛋白质 21.5%，代谢能 12.54MJ/kg；22~42 日龄：蛋白质 20.0%，代谢能 12.96MJ/kg；42 日龄以后蛋白质 18.0%，代谢能 13.17MJ/kg。

肉用仔鸡日粮配方应以饲养标准为依据，结合当地饲料资源情况而制定。在设计日粮配方时不仅要充分满足鸡的营养需要，而且也要考虑饲料成本，以保证肉用仔鸡生产的经济效益。

四、肉用仔鸡的喂料与饮水

1. 饮水

雏鸡在出壳后 24h 内就给予饮水，以防止雏鸡由于出壳太久，不能及时饮到水，造成失水过多使雏鸡脱水。雏鸡在进舍前，应将饮水器均匀地分布安置妥当，以便所有的雏鸡能及时饮到水。饮水器供水时，每 1 000 只鸡需要 15 个雏鸡饮水器，3 周龄后更换大的（4L）。使用长型水槽每只鸡应有 2cm 的饮水位置。采用乳头供水系统，每个乳头可供 10~15 只鸡使用。

饮水器应放置于喂料器与热源之间，应距喂料器近些。雏鸡进舍休息 1~2h 后饮水，以后不可间断。

初次饮水，可在饮水中加入适量的高锰酸钾，经历长途运输或高温条件下的雏鸡，最好在饮水中加入 5%~8% 的白糖和适量的维生素 C，连续用 3~5 天，以增强鸡的体质，缓解运输途中引起的应激，促进体内胎粪的排泄，降低第 1 周雏鸡的死亡率。最初 1 周内最好饮用温开水，水温基本与室温一致，1 周后可改饮凉水。通常情况下鸡的饮水量是采食量的 1~2 倍。当气温升高时，饮水量增加。

鸡的饮用水必须清洁新鲜。使用饮水器供水时，每天至少清洗消毒一次。更换饮水器设备时应逐渐进行。饮水设备边缘的高度以略高于鸡背为宜，饮水器下面的垫料要经常更换。采用乳头式自动供水系统，进雏前应将水压调整好，将整个供水系统清洗消毒干净，并逐个检查每个乳头，以防堵塞或漏水。饲养期应经常检查饮水设备，对于漏水、堵塞或损坏的应及时维修、更换，确保使用效果。

2. 开食

雏鸡初次饮水 2~3h 后即可开食，或饮水半小时后有 30% 的雏鸡随意走动，并用喙啄食地面有采食行为时，就应及时开食。开食时，将饲料放到雏鸡脚下，能容易见到。开食使用的喂料设备最好是雏鸡开食盘，一般每 100 只用一个，也可选用塑料蛋托或塑料布等。如果以后采用自动喂料器具也应在进雏前调试好。

开食料不可一次加得过多，应均匀地少给勤添，并注意观察雏鸡的采食情况。对尚未采食的雏鸡要诱导其吃料。

3. 喂饲

雏鸡开食后 2~3 天就应使用喂料器，改喂配合饲料。雏鸡的配合饲料要求营养丰富、全价，且易于消化吸收，饲料要新鲜，颗粒大小适中，易于啄食。

采用料桶喂饲时，一般每 30 只鸡备 1 个，2 周龄前使用 3~4kg 的料桶，2 周龄后改用 7~10kg 的料桶。如使用自动喂料设备也应在 2~3 日龄时启动，并保证每只鸡有 5cm 的采食位置。采用料槽喂料时也应使每只鸡有相同长度的采食位置。随着雏鸡日龄的增加，采食位置应适当加宽，基本原则是保证每只鸡均有采食位置为宜，以利于肉用仔鸡生长均匀。

为刺激鸡采食和确保饲料质量，应采用定量分次投料的饲喂方法，但每次喂料器中无料不应超过 0.5h。肉用仔鸡饲喂时间是昼夜饲喂，喂饲次数第 1 周 8 次/天，第 2 周 7 次/天，第 3 周 6 次/天，以后 5 次/天即可。每天喂料量应参考种鸡场提供的耗料标准，并结合实际饲养条件掌握。

五、肉用仔鸡的管理

1. 初生雏的选择与安置

（1）初生雏鸡的选择。选择符合品种标准的健壮雏鸡是提高肉用仔鸡成活率的重要环节。健壮雏鸡的特征是眼大有神，活泼好动，叫声响亮，腹部柔软、平坦，卵黄吸收良好，脐口平整、干净，手握雏鸡有弹性，挣扎有力，体重均匀，符合品种要求。

（2）初生雏的安置。出壳后的雏鸡，待绒毛干燥后应立即运往育雏室。用专门的运雏盒包装雏鸡，选择平稳快速的交通工具，运输途中应定时观察盒内雏鸡表现，防止过冷、过热和挤压死亡。运到育雏室后，应及时检查清点，检出死雏，分开强弱雏，并将弱雏安置在温度稍高的位置饲养。

2. 环境条件的控制

（1）温度。肉用仔鸡所需要的环境温度比同龄蛋用雏鸡高 1℃ 左右，供温标准可掌握在第 1~2 天为 33~35℃，以后每天降温 0.5℃ 左右，一般以每周递减 2~3℃ 的降温速度为宜。降温过快，雏鸡不易适应，降温过慢对羽毛生长不利。从第 5 周开始环境温度可保持在 20~24℃，有利于提高肉用仔鸡的增重速度和饲料转化率。

（2）湿度。湿度对雏鸡的健康和生长影响较大。高湿低温，雏鸡易受凉感冒，病原菌易生长繁殖，而且容易诱发球虫病；湿度过低，则雏鸡体内水分随着呼吸而大量散发，影响雏鸡体内卵黄的吸收，引起大量饮水，易发生腹泻，导致脚趾干瘪无光泽。

在一般情况下，第 1 周相对湿度应保持在 70%~75%，第

2 周为 65%，第 3 周以后保持在 55%~60% 为宜。在育雏的头几天，舍内温度较高，相对湿度会偏低，应注意补充室内水分，可采用在地面和墙上喷水等措施来增加湿度。1 周以后由于雏鸡呼吸量和排粪量增加，室内的湿度会提高，此时应注意用水，不要让水溢出，造成湿度过大，同时加强通风换气，并将过湿的垫料及时替换，以控制室内湿度在适宜的范围内。

（3）通风换气。由于肉用仔鸡生长快、代谢旺盛，饲养密度大，极易造成室内空气污浊，不利于雏鸡的健康，易导致缺氧引起腹水症发生。所以要注意通风换气，保持室内空气清新，温湿度适宜。有条件的鸡场可采用机械纵向负压通风方式。当气温高达 30℃ 以上时，单纯采用纵向通风已不能控制热应激，须增设湿帘等降温装置。采用自然通风时要注意风速，防止贼风。一般情况下，以人进入鸡舍不感到较强的氨气味和憋气的感觉即可。

（4）光照。光照的目的是延长雏鸡的采食时间，促进生长。但光线不能过强。一般 1 日龄时 23h 光照，1h 黑暗，使鸡适应新的饲养环境，熟悉采食、饮水位置。也可在夜间喂料和加水时给光 1~2h，然后黑暗 2~4h，采用照明和黑暗交替方式进行光照。

为了防止肉用仔鸡猝死症、腹水症和腿病的发生，可采用适度的限制光照程序。一般在 3 日龄前 24h 光照，4~15 日龄 12h 光照，以后每周增加 4h 光照，从第 5 周龄开始给予 23h 光照，1h 黑暗至出栏。

光照强度掌握的原则是由强到弱，第 1~2 周光强度为 10lx，第 3 周开始可降到 5lx 直至出栏。灯泡安装要均匀，以灯距不超过 3m，灯高 2m 为宜。

（5）饲养密度。饲养雏鸡的数量应根据育雏舍的面积来确定。饲养的密度要适宜，密度过大或过小都会影响鸡的生长发育。当饲养密度过大时，鸡的活动受限，造成空气污浊，湿度过大，鸡群的整齐度差，易发病和发生啄癖。当饲养密度过小时，又会影响鸡舍的利用，增加鸡的维持消耗，不经济。适宜的密度必须根据饲养方式、鸡舍条件、饲养管理水平等确定。网上平养和笼养时的密度可比地面垫料平养高出 30% ~ 100%。开放式鸡舍自然通风，按体重计算，鸡群密度不应超过 20~22kg/m²，环境控制鸡舍可增加到 30~33kg/m²。不同体重的肉用仔鸡出栏时饲养密度可参考表 4~5。

表 4-5　不同体重肉用仔鸡网上平养饲养密度

体重（kg）	开放式鸡舍		环境控制鸡舍	
	只/m²	kg/m²	只/m²	kg/m²
1.5	15	22.5	22	35.0
2.0	11	22.0	17	34.0
2.5	9	21.5	14	33.5
3.0	7	21.0	11	33.0
3.5	6	21.0	9	31.5

3. 合理分群

分群饲养是管理中一项繁重的工作。由于公鸡和母鸡的生长速度不同，如果混养，当公鸡、母鸡长到 2 周龄后对食槽、水槽高低要求不同，往往不能满足。另外，母鸡 7 周龄后生长速度相对下降，而公鸡的快速增重期可持续到 9 周龄，所以出栏的时间不同。因此，在生产中按照鸡只的体质强弱、性别、体重大小进行分群管理，有利于鸡只都能吃饱、喝足，生长整齐一致，提高经济效益。

4. 减少胸囊肿

胸囊肿是肉用仔鸡的常见病，这是由于鸡的龙骨承受全身的压力，使其表面受到刺激和摩擦，继而发生皮质硬化，形成囊状组织，其里面逐渐积累一些黏稠的渗出液，呈水泡状，颜色由浅变深。究其产生原因，是由于肉用仔鸡早期生长快、体重大，在胸部羽毛未长出或正在生长的时候，鸡只较长时间卧伏在地，胸部与结块的或潮湿的垫草接触摩擦而引起。

预防胸囊肿的措施有：保持垫料的干燥、松软，有足够的厚度，对潮湿的垫料要及时更换，对板结的垫料要用耙齿抖松；适当的赶鸡运动，特别是前期，以减少肉用仔鸡卧伏的时间，后期应减少蹚群的次数。采用笼养或网上饲养，必须加一层弹性塑料网垫，可以减少囊肿的发生。

5. 疫病防控

鸡舍不但应在进雏前彻底清理和消毒，而且也应在进鸡后定期消毒，以保证安全生产。一般在夏季每周 1 次，冬季半个月带鸡消毒一次；对鸡舍的周围环境也必须每隔一定时间消毒 1 次；对肉用仔鸡本身可定期在饮用水中适量加入浓度为 5mg/kg 的漂白粉或浓度为 0.1% 的高锰酸钾溶液，以杀死饮用水中的病原菌和胃肠道中的有害菌类。消毒时，应避开鸡的防疫。一般在防疫前后 4~5 天不能进行消毒，否则会影响防疫效果。

另外，要根据所养鸡种的免疫状况和当地传染病的流行特点，再结合各种疫苗的使用时间，编制防疫制度表并严格执行。在生产中除了用疫苗防疫外还应定期在饲料中投放预防疫病的药物，以确保鸡群健康。肉鸡在上市前 1 周停止用药，防止鸡肉药物残留，确保肉品无公害。

为了更有效地加强卫生防疫管理，鸡场还要严格执行隔离制度，以保证鸡场不受污染。要求鸡场内除了饲养员外，其他人员不得随意进出鸡场；谢绝外来人员参观；场内饲养员之间严禁互相串动；对病死鸡要及时有效地处理、深埋或焚烧。

第五章 规模化鸭养殖技术

第一节 鸭的生产概述

一、家庭养鸭饲养管理的基本要求

（一）要保证饲养的鸭品种来源正规

养鸭户应根据本地区的自然习惯、饲养条件、消费者要求，选择适合本地饲养的鸭品种或杂交鸭来进行饲养。选择外来品种首先要了解其产品特性、生产性能、饲养要求等，其次才能引进饲养。

（二）应提供适宜的饲养环境

鸭场要求交通方便、僻静和安全，位置选择时要符合防疫的要求，水源应无污染，场地附近无畜禽加工厂等污染源。鸭舍要求保持干燥、平缓、向阳，有一定的小坡度，以利排水。土壤要求透气性、透水性、吸湿性良好，能经常保持地面干燥和清洁卫生的质地疏松的土壤。

（三）当发生疫病时应做好防治措施

及时发现疫情，迅速隔离病鸭，并尽快确诊。病死鸭深埋或焚烧，粪便发酵处理，垫草焚烧或做堆肥。同时进行紧急疫苗接种，对病鸭进行合理地治疗。

(四) 防止夏季中暑

夏秋时节，气候炎热高温，在一些舍饲养鸭地区的养殖场、户当中，经常发生鸭只中暑和热应激而导致鸭昏厥的现象。因此，为使炎热的夏秋时节饲养的肉鸭正常健康生长，应做好以下几点。

(1) 调整饲料配方。由于鸭的采食量随环境温度的升高而下降，所以应配制夏秋季高温用的、不同生长阶段的肉鸭日粮，以保证鸭每日的营养摄取量。

(2) 搞好环境控制。保持鸭舍清洁、干燥、通风。增加鸭舍打扫次数，缩短鸭粪在舍内的时间，防止高温下粪便带来的危害。饮水槽尽量放置在鸭舍四周，不要让鸭饮水时将水洒向四周，更不要让鸭在水槽中嬉水。

(3) 减少饲养密度。适量减少舍饲数量和增加鸭舍中水、食槽的数量，可使鸭舍内因鸭数的减少而降低总热量，同时避免因食槽或水槽的不足造成争食、拥挤而导致个体产热量的上升。

(4) 搞好鸭舍通风换气。加快鸭体散热，保证鸭舍四周敞开，使鸭舍内有空气对流作用，加大通风量。可采用通风设备加强通风，保证空气流动。夜间也应加强通风，使鸭在夜间能恢复体能，缓解白天酷暑抗应激的影响。避免干扰鸭群，使鸭的活动量降低到最低的限度，减少鸭体热的增加。

(5) 做好日常消毒工作。鸭舍内定期消毒，防止鸭因有害微生物的侵袭而造成抵抗力的下降，防止苍蝇、蚊子滋生，使鸭免受虫害干扰，增强鸭群的抗应激能力。

(五) 防止僵鸭的形成

僵鸭是指在雏鸭阶段，由于饲养管理不当，而出现生长发育停滞、体质瘦弱、拱背、脱毛、行动迟缓、精神不佳、会吃不长的鸭。出现僵鸭的主要原因如下。

（1）保温不当。育雏温度太高或太低，造成雏鸭因受热、受冷而抵抗力降低，引起疾病，病后食欲不振，导致发育迟缓。

（2）管理不善。雏鸭阶段，尽管育雏温度很合适，但雏鸭仍喜欢堆挤在一起，如果管理不当或没有及时赶开，体弱的雏鸭往往会被压伤或死亡，因堆挤受热、受冷得病而成为僵鸭。

（3）饲料营养不足。雏鸭生长速度快，需要高能量、高蛋白的饲料及补充适量的矿物质、维生素，才能满足其生长的需要。如果营养不良，鸭的生长发育受阻，出现拱背、头大、身小、脱毛、行动迟缓等不良状态的僵鸭。

除上述原因外，如饲养管理不当，不合理的饲养密度也会造成僵鸭的产生。因此要加强管理，精心饲养，充分地发挥雏鸭的生长发育的特点。

二、鸭的饲养方式

鸭的饲养方式多种多样，但应根据各地的饲养条件，因地制宜地选择合适的饲养方式，这是饲养鸭成功的关键之一。

（一）放牧饲养

放牧饲养适于小规模家庭饲养场，在这种饲养方式下，鸭群可以自由采食，充分地利用天然饲料，降低生产成本，同时可以增强体质，减少疾病的发生。放牧时，为了管理方便，一般以200~250只一群，如果放牧地比较开阔，草源丰盛，可组成1 000只一群。放牧前要清点鸭的数量，收牧时也要清点鸭只的数量，防止走失。放牧饲养可以锻炼鸭适应自然环境和觅食能力，对农作物起到中耕、除草、除虫等作用。牧地应选在水草丰盛的地区，让鸭吃得好，吃得饱，如果牧地的水草或农作物难以满足鸭子的采食，则收牧回来后应进行补饲。鸭放牧时应注意：禁止在施过农药或化肥的地点放牧，防止中毒；另外炎热的天气只能在傍晚或清晨放牧，防止鸭群中暑；在天气较凉或有风的天气减少鸭群下水的时间，防止受凉；在水中觅食时应逆水而行，便于鸭群采食。

（二）集约化饲养

对规模较大的家庭饲养场，可采用集约化饲养方式，这类方式主要有地面平养、网上平养和笼养几种类型，家庭养殖户可根据规模和实际情况进行选择。

（1）地面平养。这种方式多采用开放式的鸭舍，舍内地面由 1/2 的水泥地面和 1/2 的漏缝地板组成，水泥地面以锯木屑或铡短的稻草作垫料，春夏季节雨水较多，每隔 2~3 天要更换一次垫料，以保持鸭舍的清洁、干燥，秋冬季节视卫生状况更换垫料。

平养的优点在于饲养管理方便，易于操作和观察。其缺点在于鸭与垫料接触，鸭胸部羽毛较脏，垫料易于潮湿，鸭群的均匀度难以控制。

（2）网上平养。鸭床由木条、竹条、金属搭建成的，网床离地面 60~70cm，木条宽 1.5~2cm，竹条直径 1.8~2cm，间距为 1.5~2cm，金属网的网孔直径为 1.5~2cm。为了防止网床损伤鸭子的脚趾及影响屠体品质，可使用塑料板条和增塑网。网上平养可以节省垫料，鸭群不与鸭粪接触，减少疾病的传播。但其饲养成本则高于地面平养，并且鸭群易患营养缺乏症，因此需喂全价的配合饲料。

（3）笼养。鸭的笼养目前并不多用，笼养比平养节约房舍，充分利用鸭舍的空间，增加单位面积的饲养数量，成活力较高，笼子的材料有木竹制和铁丝笼，其笼子的规格应根据鸭的饲养阶段和体型大小而定。一般笼设为 3 层，笼长 140cm，宽80cm，高45cm，上下笼间的间距为15cm左右，上下笼之间放置盛粪板，笼子的栅栏间距以5cm宽为宜。每笼可关养0~21日龄的雏鸭15~20只，22~42日龄的鸭8~10只，43日龄至屠宰上市的鸭5~6只。

第二节　选择优良鸭品种

我国鸭品种原产地及饲养地区基本分布在大兴安岭、太行山、河南和湖北西部、贵州西部一线以东的低海拔地区以及安宁河流域及其以东的四川大部分地区和云南东部地区。但分布最集中的是在长江、珠江流域及沿海地区，这一地区内的鸭品种占全国鸭品种的68%。这些地区土地肥沃，气候温和，农业发达，不仅有充裕的饲料粮食，而且有广阔的天然饲料来源。

一、品种介绍

人类按照一定的经济目的，经过长期驯化和选择培育形成了3种用途的鸭品种，即肉用型、蛋用型和兼用型3种类型。下面介绍几种饲养量相对较大的品种，家庭养殖户可根据实际情况进行选择饲养。

（一）北京鸭

属肉用型品种，具有生长发育快、育肥性能好的特点，是闻名中外"北京烤鸭"的制作原料。原产于北京西郊玉泉山一带，现已遍布世界各地，在国际养鸭业中占有重要地位。该品种体型较大而紧凑匀称，头大颈粗，体宽、胸腹深、腿短，体躯呈长方形，前躯高昂，尾羽稍上翘。公鸭有钩状性羽，两翼紧附于体躯，羽毛纯白略带奶油光泽。喙和皮肤橙黄色，胫蹼为橘红色。性情温驯，易肥育，对各种饲养条件均表现较强的适应性。成年公鸭体重 3~4kg，母鸭 2.7~3.5kg，5~6 月龄开始产蛋，年产蛋 180~210 个，蛋重 90~100g，蛋壳白色，受精率约 90%，受精蛋孵化率约 80%。雏鸭成活率可达 90%~95%，7 周龄体重可达 2.5kg，优良配套系杂交鸭体重在 3kg 以上。饲料消耗比 3.5 : 1 左右。

（二）樱桃谷鸭

属肉用型品种，原产于英国，是世界著名的瘦肉型鸭。具有生长快、瘦肉率高、净肉率高和饲料转化率高，以及抗病力强等优点。樱桃谷鸭体型较大，成年体重公鸭 4.0~4.5kg，母鸭 3.5~4.0kg。父母代群母鸭性成熟期 26 周龄，年平均产蛋 210~220 枚。白羽 L 系商品鸭 47 日龄体重 3.0kg，料肉比 3.0 : 1，瘦肉率达 70% 以上，胸肉率 23.6%~24.7%。

（三）瘤头鸭

属肉用型品种，原产于南美洲及中美洲热带地区。学名麝香鸭、疣鼻栖鸭。我国称番鸭或洋鸭。国外称火鸡鸭、蛮鸭或巴西鸭。瘤头鸭体型前后窄，中间宽，呈纺缍状，站立时体躯与地面呈水平状态。喙短而窄，喙基部和头部两侧有红色或黑色皮瘤，不生长羽毛，雄鸭的皮瘤肥厚展延较宽，头大，颈粗稍短，头顶部有一排纵向长羽，受刺激时竖起呈刷状。腿短而粗壮，胸腿肌肉很发达。翅膀发达长达尾部，能作短距离飞翔。此外，有少量黑白夹杂的花羽。黑色羽毛带有墨绿色光泽，喙红色有黑斑，皮瘤黑红色，胫、蹼黑色，虹彩浅黄色。白色羽毛和喙粉红色，皮瘤鲜红色，胫、蹼橘黄色，虹彩浅灰色。花羽鸭喙红色带有黑斑，皮瘤红色，胫、蹼黑色。成年公鸭体重 3 500~4 000g，母鸭 2 000~2 500g。公鸭全净膛率 76.3%，母鸭 77%；公鸭胸腿肌占全净膛屠体重的比率 29.63%，母鸭 29.74%。肌肉蛋白质含量达 33%~34%。母鸭开产日龄 6~9 月龄，一般年产蛋量为 80~120 枚，高产可达 150~160 枚，蛋重 70~80g。蛋壳玉白色，蛋形指数 1.38~1.42。公母鸭配种比例 1：（6~8），受精率 85%~94%，受精蛋孵化率 80%~85%，种公鸭利用年限 1~1.5 年。

（四）天府肉鸭

属肉用型品种，天府肉鸭体型硕大丰满。羽毛洁白，喙、胫、蹼呈橙黄色，母鸭随着产蛋日龄的增长，颜色逐渐变浅，甚至出现黑斑。初生雏鸭绒毛呈黄色。祖代父本品系成年体重母鸭 3.1~3.2kg、公鸭 3.3~3.32kg，母本品系成年体重母鸭 2.7~2.8kg、公鸭 3.0~3.1kg，开产日龄 180~190 天，入舍母鸭年产合格种蛋 230~250 个，蛋重 85~90g，受精率达 90%以上，受精蛋孵化率 84%~88%。父母代成年体重公鸭 3.2~3.3kg、母鸭 2.8~2.9kg，开产日龄 180~190 天，入舍母鸭年产合格种蛋 230~250 个，蛋重 85~90g，受精率达 90%以上，每只母鸭提供健雏数 180~190 只。商品代肉鸭 28 日龄活重 1.6~1.86kg，料肉比（1.8~2.0）：1，35 日龄活重 2.2~2.37kg，料肉比（2.2~2.5）：1，49 日龄活重 3.0~3.2kg，料肉比（2.7~2.9）：1。

（五）绍兴鸭

属蛋用型品种，原产于浙江绍兴、萧山、诸暨等地。也叫绍雌鸭、浙江麻鸭、山种鸭。绍兴麻鸭体躯狭长，蛇头豹眼，嘴长颈细，背平直腹大，臀部丰满下垂，站立或行走时躯体向前昂展，倾斜呈 45°角，似"琵琶"状。绍兴麻鸭根据外貌和特点不同，可分为"红毛绿翼梢"和"带圈白翼梢"两个类型。

（1）红毛绿翼梢。体型小巧，性情温顺，适宜圈养。母鸭全身以棕红色雀斑羽为主，胸腹部棕黄色，脚蹼橘黄色。公鸭羽毛大部呈麻栗色，胸腹部色较浅，喙黄带青色，头部、颈上部、镜羽和尾部均呈墨绿色，有光泽。雏鸭绒羽细软，呈暗黄色，有黑头星、黑线脊、黑尾巴。

（2）带圈白翼梢。性情好动，觅食力强，圈、放养皆宜。母鸭以麻雀毛为主，颈中间有一圈白色羽毛，主翼羽和腹臀部也呈白色，喙和蹼橘黄色，彩虹灰蓝色，皮肤黄色。公鸭羽毛多呈淡麻栗色，头、颈上部及尾部均呈墨绿色，富有光泽，并有少量镜羽，其他与母鸭同。雏鸭绒羽呈淡黄色。该鸭初生重36~40g，成年体重公鸭为 1 301~1 422 g，母鸭为 1 255~1 271g，成年公鸭半净膛率为 82.5%，母鸭为 84.8%；成年公鸭全净膛率 74.5%，母鸭为 74.0%。140~150 日龄群体产蛋率可达 50%，年产蛋 250 枚，经选育后年产蛋平均近 300枚，平均蛋重为 68g。蛋形指数 1.4，壳厚 0.354mm，蛋壳白色、青色。公母配种比例 1：（20~30），种蛋受精率为 90%左右。

（六）金定鸭

属蛋用型品种，产于福建龙海市。该鸭公鸭喙黄绿色，虹彩褐色，胫、蹼橘红色，头部和颈上部羽毛具翠绿色光泽，前胸红褐色，背部灰褐色，翼羽深褐色，有镜羽。母鸭喙古铜色。胫、蹼橘红色。羽毛纯麻黑色。初生重公鸭为 47.6g，母鸭为47.4g；成年公鸭体重为 1 760g，母鸭为 1 730g。成年母鸭半净膛率为 79%，全净膛率为 72.0%，开产日龄 100~120天。年产蛋 260~300 枚，蛋重为 72.26g。壳青色为主，蛋形指数 1.45。公母配种比例 1：25，种蛋受精率为 89%~93%。

（七）咔叽·康贝尔鸭

属兼用型品种，育成于英国。康贝尔鸭有 3 个变种：黑色康贝尔鸭、白色康贝尔鸭和咔叽·康贝尔鸭（即黄褐色康贝尔鸭）。我国引进的是咔叽·康贝尔鸭。体躯较高大，深广而结实。头部秀美，面部丰润，喙中等大，眼大而明亮，颈细长而直，背宽广、平直、长度中等。胸部饱满，腹部发育良好而不下垂。两翼紧贴、两腿中等长、距离较宽。公鸭的头、颈、尾和翼肩部羽毛都是青铜色，其余羽毛为暗褐色，喙蓝色（越优者其颜色越深），胫和蹼为深橘红色。母鸭的羽毛为暗褐色，头颈是稍深的黄褐色，喙绿色或浅黑色，翼黄褐色，脚和蹼近似体躯的颜色。开产日龄为 120～140 天，年平均产蛋260～300 枚，蛋重 70g 左右，蛋壳为白色。成年公鸭体重2.4kg，母鸭 2.3kg。

（八）莆田黑鸭

蛋用型品种，主产于福建莆田县。莆田黑鸭体型轻巧、紧凑，头适中、眼亮有神、颈细长（公鸭较粗短），骨骼坚实，行走迅速。全身羽毛黑色（浅黑色居多），着生紧密，加上尾脂腺发达，水不易浸湿内部绒毛。喙（公鸭墨绿色）、跖、蹼、趾均为黑色。母鸭骨盆宽大，后躯发达，呈圆形；公鸭前躯比后躯发达，颈部羽毛黑而具有金属光泽，发亮，尾部有几根向上卷曲的性羽，雄性特征明显。初生重为 40.15g，8 周龄平均体重为 890.59g。屠宰率：平均体重为（1.50±0.04）kg，半净膛率为 78.38%，全净膛率为 71.99%；母鸭与黑色瘤头鸭杂交产生的"半番"鸭，生长速度快，70 日龄平均体重为1.99kg，半净膛率为 81.91%，全净膛率为 75.29%，每千克增重耗料为 3.66～3.76kg。300 日龄产蛋量为 139.31 个，500 日龄产蛋量为 251.20 个，个别高产家系达 305 个。500 日龄前，日平均耗料为 167.2g，每千克蛋耗料 3.84kg。平均蛋重为63.84g。开产日龄 120 天，年产蛋 270～290 个，蛋重 73g。群体产蛋率达 50% 时为 132 日龄。公母配种比例为 1∶25。种蛋受精率达 95% 左右。雏鸭成活率为 95% 左右。

（九）山麻鸭

属蛋用型品种，主产于福建省龙岩市。山麻鸭头中等大，颈秀长，胸较浅，躯干呈长方形；头颈上部羽毛为孔雀绿，有光泽，有白颈圈。前胸羽毛赤棕色。尾羽、性羽为黑色。母鸭羽色有浅麻色、褐麻色、杂麻色3种。胫、蹼橙红色，爪黑色。初生重为45g，成年体重公鸭为1.43kg，母鸭为1.55kg。半净膛率为72%，全净膛率为70.30%。100日龄开产，年产蛋243枚，蛋重为54.5g，蛋形指数1.3。公母配种比例1：25，种蛋受精率约75%。

（十）高邮鸭

属蛋肉兼用型品种，又称高邮麻鸭，原产江苏省高邮市。高邮鸭是我国江淮地区良种，系全国三大名鸭之一。该鸭善潜水、耐粗饲、适应性强、蛋头大、蛋质好，且以善产双黄蛋而久负盛名。高邮鸭蛋为食用之精品，口感极佳，其质地具有鲜、细、红、油、嫩、沙的特点，蛋白凝脂如玉，蛋黄红如朱砂。母鸭全身羽毛褐色，有黑色细小斑点，如麻雀羽；主翼羽蓝黑色；喙豆黑色；虹彩深褐色；胫、蹼灰褐色，爪黑色。公鸭体型较大，背阔肩宽，胸深躯长呈长方形。头颈上半段羽毛为深孔雀绿色，背、腰、胸为褐色芦花毛，臀部黑色，腹部白色。喙青绿色，趾蹼均为橘红色，爪黑色。成年公鸭体重3～4kg，母鸭2.5～3kg。仔鸭放养2月龄重达2.5kg。母鸭180～210日龄开产，年产蛋169个左右，蛋重70～80g，蛋壳呈白色或绿色。在放牧条件下，一般70日龄体重可达1.5kg。采用配合饲料，50日龄平均体重达1.78kg。高邮鸭耐粗杂食，觅食力强，适于放牧饲养，且生长发育快，易肥、肉质好。种蛋平均受精率90%以上，受精蛋平均孵化率85%。

（十一）连城白鸭

亦称白鹜鸭，属蛋肉药兼用型品种，富含 18 种氨基酸和 10 种微量元素，其胆固醇含量特低。因此具有清热解毒，滋阴降火，祛痰开窍，宁心安神，开胃健脾之功效。连城白鸭不油腻，汤味独特，肉质鲜美，饲养期越长，其药效越好，一般饲养 4 个月以上才具有药效。由于它具有特殊药理作用及独特风味，随着人们保健意识的增强，这一地方珍禽越来越被人们所重视。集药理、膳食于一身的地方珍禽白鹜鸭原产于福建省，又叫"珍禽白鹜鸭"。其体躯狭长，结构紧凑结实，小巧玲珑。头秀长。喙宽，呈黑色，前端稍扁平，锯齿锋利。眼圆大外突。颈细长，胸浅窄，腰平直，腹钝圆且略下垂。公母鸭外形极为相似。全身羽毛洁白紧密，喙黑色，胫蹼黑色或黑红色。成年鸭体重 1.25~1.5kg，年产蛋 260~280 枚，平均蛋重 55g，开产日龄 120 天左右。平均蛋形指数 1.46，蛋壳白色，少数青色。料蛋比 2.7：1。平均种蛋受精率 92%，平均受精蛋孵化率 90%。

（十二）巢湖鸭

属蛋肉兼用型品种，主产于安徽省中部，巢湖周围的庐江、巢县、肥西、肥东等县。该品种具有体质健壮、行动敏捷、抗逆性和觅食能力强等特点，是制作无为熏鸭和南京板鸭的良好材料。体型中等大小，体躯长方形，匀称紧凑。公鸭的头和颈上部羽色墨绿，有光泽，前胸和背腰部羽毛褐色，缀有黑色条斑，腹部白色，尾部黑色。喙黄绿色，虹彩褐色，胫、蹼橘红色，爪黑色。母鸭全身羽毛浅褐色，缀黑色细花纹，称浅麻细花；翼部有蓝绿色镜羽；眼上方有白色或浅黄色的眉纹。开产日龄为 140~160 天，年产蛋 160~180 枚。平均蛋重 70g，蛋壳有白色、青色两种，其中白色占 87%。成年公鸭体重 2.1~2.7kg，母鸭 1.9~2.4kg。平均种蛋受精率 92%。

（十三）临武鸭

属蛋肉兼用型品种，产于湖南省临武县。临武鸭体型较大，躯干较长，后躯比前躯发达，呈圆筒状。公鸭头颈上部和下部以棕褐色居多，也有呈绿色者，颈中部有白色颈圈，腹部羽毛为棕褐色。也有灰白色和土黄色。性羽 2~3 根。母鸭全身麻黄色或土黄色。喙和脚多呈黄褐色或橘黄色。初生重为 42.67g，成年体重公鸭为 2.5~3kg，母鸭为 2~2.5kg。半净膛率公鸭为 85%，母鸭为 87%，全净膛率公鸭为 75%，母鸭为 76%。开产日龄 160 天，年产蛋 180~220 枚，平均蛋重为 67.4g，壳乳白色居多，蛋形指数 1.4。公母配种比例（1：20）~（1：25），种蛋受精率约 83%。

二、优良品种的选择及引种注意事项

引种是否成功关系重大。为此，在引种时我们应遵循几个原则。

（一）不要盲目引种

引种应根据生产的需要，确定品种类型，同时要考察所引品种的经济价值。尽量引进国内已扩大繁殖的优良品种，可避免从国外引种的某些弊端。引种前必须先了解引入品种的技术资料，对引入品种的生产性能、饲料营养要求要有足够的了解，如是纯种，应有外貌特征、育成历史、遗传稳定性以及饲养管理特点和抗病力，以便引种后参考。

（二）注意引进品种的适应性

选定的引进品种要能适应当地的气候及环境条件。每个品种都是在特定的环境条件下形成的，对原产地有特殊的适应能力。当被引进到新的地区后，如果新地区的环境条件与原产地差异过大时，引种就不易成功，所以引种时首先要考虑当地条件与原产地条件的差异状况。其次要考虑本地养殖场能否为引入品种提供适宜的环境条件，只有考虑周到，引种才能成功。

（三）引种渠道要正规

（1）选择适度规模、信誉度高、有《种畜禽生产经营许可证》、有足够的供种能力且技术服务水平较高的种鸭场。

（2）选择供种场家时应把种鸭的健康状况放在第一位，必要时在购种前进行采血化验，合格后再进行引种。

（3）种鸭的系谱要清楚。

（4）选择售后服务较好的场家。

（5）尽量从同一家种鸭场选购，否则会增加带病的可能性。

（6）选择场家，应在间接进行了解或咨询后，再到场家与销售人员了解情况。切忌盲目考察，容易看到一些表面现象，导致最后所引种鸭与所看到的鸭不一致。只有做到以上几项才能确保鸭苗质量。

（四）必须严格检疫

绝不可以从发病区域引种，以防止引种时带进疾病。直接引进成鸭时，进场前应严格隔离饲养，经观察确认无病后才能入场。

（五）必须事先做好准备工作

如圈舍、饲养设备、饲料及用具等要准备好，饲养人员应作技术培训。

（六）注意引种方法

（1）首次引入品种数量不宜过多，引入后要先进行 1~2 个生产周期的性能观察，确认引种效果良好时，再适当增加引种数量，扩大繁殖。

（2）引种时应引进体质健康、发育正常、无遗传疾病、未成年的幼禽，因为这样的个体可塑性强，容易适应环境。

（3）注意引种季节，引种最好选择在两地气候差别不大的季节进行，以便使引入个体逐渐适应气候的变化。从寒冷地带向热带地区引种，以秋季引种最好，而从热带地区向寒冷地区引种则以春末夏初引种最适宜。

（4）做好运输组织工作安排，避开疫区，尽量缩短运输时间。如运输时间过长，就要做好途中饮水、喂食的准备，以减少途中损失。

第三节 蛋鸭的饲养管理

一、产蛋鸭的特点

母鸭从开始产蛋到被淘汰这个阶段称为产蛋鸭。产蛋鸭的特点主要有以下几点。

（1）失去了就巢性。我国的蛋鸭品种的最大特点就是失去了就巢性，这就为提高和增加其产蛋量提供了极有利的条件。

（2）产蛋鸭胆大。与雏鸭、育成鸭完全不同，鸭产蛋以后不但见人不怕，反而喜欢接近人。

（3）性情比较温驯。开产以后的鸭子，性情较温驯，进舍后安静地休息、睡觉，不到处乱跑乱叫。

（4）代谢旺盛，对饲料要求高。由于蛋鸭产蛋量高，而且持久，这种产蛋能力需要大量的各种营养物质。因此，进入产蛋期的母鸭新陈代谢很旺盛，如果饲料中营养物质不全面，则会导致产蛋量下降或鸭体消瘦，直至停产。所以产蛋鸭要求质量较高的饲料。

（5）生活和产蛋的规律性很强。在正常情况下，产蛋都在深夜进行，产蛋高峰在 3~4 时。

二、产蛋鸭的饲养管理

育成鸭养到临产蛋前，经过挑选，将符合要求的转入成年鸭舍饲养，蛋鸭在产蛋期饲养管理的主要任务是提高产蛋量，减少破蛋量，节省饲料，降低鸭群的死亡率和淘汰率，获得最佳的经济效益。

（一）饲养方式

产蛋鸭饲养方式与育成鸭相同，主要有舍饲、半舍饲两种，其中半舍饲最为常见，生产中产蛋鸭从育成阶段到产蛋阶段不需转舍。这两种饲养方式的好处是饲养规模较大，能提高劳动效率，蛋鸭受外界环境的影响减小，提高了饲料报酬，增加了经济效益。

（二）产蛋期的饲养管理

人们根据产蛋鸭的产蛋率高低，将产蛋期分为 3 个阶段：产蛋前期、产蛋中期和产蛋后期。

产蛋前期的饲养管理

蛋鸭品种大都在 150 日龄开产，200 日龄时达产蛋高峰期，这个时期饲养管理的目标是应尽快把产蛋率推向高峰。从营养方面应根据产蛋率上升的趋势不断提高饲料质量，当产蛋量达到高峰后要稳定饲料的种类和营养水平，使鸭群的产蛋高峰能维持得长久些。这个时期，鸭进行自由采食，每只鸭的耗料量为 150g 左右。光照时间从 17~19 周龄就可以逐步开始加长，最终达到 16~17h 为止，以后维持在这个水平上，光照强度一般为 5lx。产蛋前期饲养管理是否恰当，可以从以下 3 个方面观察。

观察蛋重的增加趋势：初产时蛋很小，到 200 日龄时可达到标准蛋重。在产蛋前期，蛋重不断增加，而且越产越大。增重势头快，说明养得好，增重势头慢或出现蛋重降低，说明饲养管理不当，要找出原因。

观察产蛋率上升趋势：开产后的产蛋率不断上升，早春开产的鸭其产蛋率上升更快。产蛋率如高低波动，甚至出现下降，要从饲养管理上找原因。

观察体重变化情况：对刚开产的鸭群、产蛋至 210 日龄、240 日龄、270 日龄以及 300 日龄的鸭群进行称重。称重应在早晨空腹时进行，每次抽样应占全群的 10%。若体重维持原状或变化不大，说明饲养管理得当；若体重有较大幅度地增加或下降，则说明饲养管理有问题。

（三）产蛋中期的饲养管理

鸭群进入产蛋高峰后，体力消耗较大，如不精心饲养管理，较难保持高峰产蛋率，甚至引起换羽停产，这是蛋鸭最难饲养的阶段。这个时期要在营养上满足高产的需要，日粮中粗蛋白的含量应从 18% 提高到 19%~20%，同时增加钙的喂量，但日粮中含钙量过高会影响适口性，可在混合饲料中添加 1%~2% 的颗粒状贝壳粉，或在舍内单独放置碎贝壳片槽（盆），供其自由采食。光照时间稳定保持 16~17h。在日常管理中还要细心观察以下内容。

蛋壳质量：好的蛋壳应该光滑厚实，有光泽。若发现蛋的蛋形变长、蛋壳薄、透亮、有沙点或产软壳蛋，说明饲料质量不好，特别是钙质或维生素 D 不足，要及时补充。

产蛋时间：正常情况下产蛋时间为 3~4 时，若每天推迟产蛋时间，甚至白天产蛋，应采取措施，否则会减产甚至停产。

鸭群的精神状态：产蛋率高的健康鸭精力充沛，下水后潜水时间比较长。如发现鸭精神不振，行动无力，怕下水，下水羽毛沾湿，甚至下沉，则说明营养不足，将会引起减产停产，注意要增加营养。

（四）产蛋后期的饲养管理

蛋鸭经过长期的持续产蛋后，产蛋率将会逐渐下降。产蛋后期饲养管理的主要目的是尽量延缓鸭群产蛋率的下降。如果饲养管理得当，此期内鸭群的平均产蛋率仍可保持 75% ~ 80%。这个阶段的饲养管理要点如下。

根据体重和产蛋率确定饲料的质量和喂料量，不可盲目增减饲料：如产蛋率仍在 80% 以上，体重略有减轻趋势时，饲料中应适当增加动物性饲料；若体重增加，有过肥趋势，产蛋率还在 80% 左右时，则可降低饲料中的代谢能或控制采食量；若体重正常，产蛋率也比较高，则饲料中蛋白质水平应略有增加；若产蛋率已降到 60% 左右，再难以上升，则无须加料。

保持光照：每天保持 16~17h 光照，不能减少。

观察蛋壳质量和蛋重的变化：若出现蛋壳质量下降、蛋重减轻时，则可增补一些无机盐添加剂和鱼肝油。

管理得当，防止应激：保持鸭舍内环境的相对稳定，保持稳定的作息时间，防止产生应激。

三、种用蛋鸭的饲养管理

种用蛋鸭饲养管理的主要目的是获得尽可能多的合格种蛋，能孵化出品质优良的雏鸭。因此，对种用蛋鸭除了要求产蛋率高以外，还要有较高的受精率和孵化率，并且孵出的雏鸭质量要好。这就要求饲养管理过程中，除了要养好母鸭，还要养好公鸭。

（一）增加营养

种用蛋鸭饲料中的蛋白质要比商品蛋鸭高，同时要保证蛋氨酸、赖氨酸和色氨酸等必需氨基酸的供给，保持饲料中氨基酸的平衡。色氨酸对提高受精率、孵化率有帮助，日粮中的含量应占 0.25%~0.30%。鱼粉和饼粕类饲料中的氨基酸含量高，而且平衡，是种用蛋鸭较好的饲料原料。此外，要补充维生素，特别是维生素 E，因为维生素 E 对提高产蛋率、受精率有较大作用，日粮中维生素 E 的含量为每千克饲料含 25mg，不得低于 20mg，可用复合维生素来补充。

（二）饲养好种公鸭

公鸭的好坏对提高受精率的作用比较大。公鸭必须体质健壮，性器官发育健全，性欲旺盛，精子活力好。公鸭到 150 天左右才能达到性成熟。因此，选留公鸭要比母鸭早 1~2 个月龄，到母鸭开产时公鸭正好达到性成熟。

在采食过程中公鸭争食凶，十分好斗，导致公母鸭采食不均匀，体重不齐。所以公母鸭在育成阶段要分开饲养，但要注意防止公鸭间相互争斗，形成恶癖。一般到配种前 20 天公、母鸭才可混合饲养。但如果育成后期公鸭有明显的性行为，就可以提早混养时间，防止公鸭间形成同性恋的恶癖。

（三）提供合理的公母配比

我国蛋用型鸭，种公鸭的配种性能好，公母比例可达（1∶20）~（1∶25），全年受精率达 90%以上。在育成阶段，公鸭要多养一些，以供配种时选择。公母鸭刚开始混养时公、母鸭的比例要低一点，每 100 只母鸭多配 1~2 只公鸭。发现有性行为不明显，有恶癖的公鸭要及时进行淘汰。到母鸭产蛋时保持 1∶25 左右的公、母鸭比例为宜。

（四）加强种用蛋鸭的管理

种用蛋鸭的管理重点是提供干燥、清洁、安静的环境，注意通风换气。进入产蛋高峰期后，如果出现脱肛、阴茎外垂等，应采取措施进行治疗，可用刺激性小的消毒药轻轻擦洗鸭的肛门或阴茎，人工帮助其复位，并喂少量抗生素。种蛋要及时收集，贮存在阴凉处，及时入孵，不能久贮，一般贮存时间不超过7天，否则会影响孵化率。

四、鸭的人工强制换羽

一般到了秋季，鸭群就会自然换羽，时间可持续4个月左右，对产蛋量有很大的影响。为了缩短休产时间，提高种蛋量和蛋的品质，生产中可进行人工强制换羽。人工强制换羽的时间在2个月以内，当鸭群产蛋率下降至30%以下，蛋形变小，羽毛零乱，个别鸭出现脱羽现象时即可进行人工强制换羽。人工强制换羽方法有停水停料（停水1~2天，停料2~3天），控制光照（舍内关养、停止光照），拔羽（主翼羽、副翼羽、尾羽）等。拔羽后5天内应避免烈日暴晒，保护毛囊组织，以利于新羽的长出，逐步提高日粮营养水平，增加饲喂量，促使换羽鸭恢复体力。强制换羽期间，公母鸭分开饲养，同时拔羽，这样可使公、母鸭换羽期同步，以免造成未拔羽的公鸭损伤拔羽的母鸭，或拔羽母鸭到恢复产蛋时，公鸭又处于自然换羽期，不愿与母鸭交配，影响种蛋受精率。

第四节　肉鸭的饲养管理

一、肉用仔鸭的饲养管理

肉用仔鸭具有早期生长迅速、体重大、出肉率高、生长均匀度好、饲料转化率高、生产周期短、全年都能够批量生产等特点。

（一）育雏期的饲养管理

0~4 周龄是肉用仔鸭的育雏期，这是肉鸭生产的重要环节，刚出壳的雏鸭体小、娇嫩、绒毛稀短，自身调节体温的能力差，很难适应外界环境的温度变化，需要人工给温；消化器官容积小，消化功能尚不健全，因此要喂一些易消化的饲粮；生长发育极为迅速，需要丰富而全面的营养物质才能满足生长发育的要求；抗病功能尚不完善，易生病死亡，特别要注意防疫卫生工作。

1. 育雏方式

根据占用地面和空间的不同，肉用仔鸭常用的育雏方式分为平面育雏和立体育雏两种。

（1）平面育雏。平面育雏又分为地面更换垫料育雏和网上育雏两种方式。

地面更换垫料育雏：把雏鸭养在铺有锯木屑、谷壳等垫料的地面上，垫料厚 2~3cm，并要经常更换。更换垫料育雏的供温方式有 2 种，第一种是保温伞育雏，利用电热丝散发的热量育雏。雏鸭可在保温伞下自由选择适温带，换气良好。育雏鸭数可根据热源面积而定，一般一个保温伞可养 2 周龄内的雏鸭 200 只左右。第二种是红外灯保温育雏，利用红外灯散发的热量育雏。灯泡规格为 250W，使用时悬挂于离地面 45cm 高处，室温低时可降低至 35cm，随着雏鸭日龄的增加，灯泡逐周提高至 60cm。红外灯育雏，保温稳定，室内干净，垫料干燥，雏鸭可自由选择合适温度区，育雏效果好。

网上育雏：雏鸭饲养在离地面 50~60cm 高的网上，雏鸭不与地面粪便接触，可减少疾病传播，并可节约大量的垫料费用。可以在网上或网下供热。这种育雏方式培育雏鸭健康情况良好。

（2）立体育雏。近年来养鸭的规模越来越大，为了充分利用育雏设备，养鸭专业户在网上育雏的基础上，发展成多层育雏，也叫立体育雏。这种育雏方式比平面育雏更能有效地利用禽舍和热量，既有网上育雏的优点，又可以提高劳动效率。立体育雏笼一般为 3~5 层。

2. 饲养管理技术

肉用仔鸭生长特别迅速，对饲养管理要求高，且对环境很敏感，又比较娇嫩，稍有不慎会引起生长迟缓，甚至导致死亡率增高，因此需要科学的饲养管理，主要从以下几个方面进行介绍。

（1）雏鸭的选择。肉用商品雏鸭必须来源于优良的健康母鸭群，种母鸭在产蛋前已经免疫接种过鸭瘟、禽霍乱、病毒性肝炎等疫苗，以保证雏鸭在育雏期不发病。所选购的雏鸭大小基本一致，体重在 55~60g，活泼，无大肚脐、歪头拐脚等，毛色为蜡黄色，太深或太淡均淘汰。

（2）分群。雏鸭群过大不利于管理，环境条件不易控制，易出现惊群或挤压死亡，所以为了提高育雏率，进行分群管理，每群 300~500 只。

（3）饮水。水对雏鸭的生长发育至关重要，雏鸭在开食前一定要饮水，饮水又叫点水或潮水。在雏鸭的饮水中加入适量的维生素 C、葡萄糖、抗生素，效果会更好，既增加营养又提高雏鸭的抗病力。提供饮水器数量要充足，不能断水，也要防止水外溢。

（4）开食。雏鸭出壳 12~24h 或雏鸭群中有 1/3 的雏鸭开始寻食时进行第一次投料，饲养肉用雏鸭用全价的小颗粒饲料效果较好，如果没有这样的条件，也可用半熟米加蛋黄饲喂，几天后改用营养丰富的全价饲料饲喂。

（5）饲喂的方法。第一周龄的雏鸭应让其自由采食，保持饲料盘中常有饲料，一次投喂不可太多，防止长时间吃不完被污染而引起雏鸭生病或者浪费饲料。因此要少喂勤添，第一周按每只鸭子35g饲喂，第二周105g，第三周165g。

（6）严格注意预防疾病。肉鸭网上密集化饲养，群体大且集中，易发生疫病。因此，除加强日常的饲养管理外，要特别做好防疫工作。饲养至20日龄左右，每只肌内注射鸭瘟弱毒疫苗1ml；30日龄左右，每只肌内注射禽霍乱菌苗2ml，平时可用0.01%~0.02%的高锰酸钾饮水，效果也很好。

（二）育肥期的饲养管理

肉用仔鸭从4周龄至上市这个阶段称为生长育肥期，育肥期的生理特点是体温调节已趋于完善，肌肉与骨骼的生长和发育处于旺盛期，绝对增重处于最高峰阶段，采食量迅速增加，消化机能已经健全，体重增加很快。因此我们要根据肉用仔鸭的生长发育特点，进行科学的饲养管理，使其在短期内迅速生长，达到上市要求。

1. 肉鸭的育肥方式

根据饲养者的现有条件和市场的供需要求来选择一种合适的育肥方式。肉用仔鸭常用的育肥方式是舍饲，在没有放牧条件或天然饲料较少的地区多采用此法。饲养至4周龄时转入育肥舍。育肥舍可建造既有水面又有运动场的鸭舍，采用自然温度，夏季通风好，鸭舍清洁凉爽适宜。适当限制鸭的活动并饲喂含能量较多的饲料，如稻谷、碎米、玉米等，有条件时应添加鱼粉、矿物质饲料，饲料中也要加一些沙砾或将沙砾放在运动场的角落里，任鸭采食，有助于消化。饲料要多样化，每天喂4次，任其饱食，不能剩余，以吃完为宜。食饱后让鸭子在运动场的饮水池中饮水，防止鸭舍湿度过大，保持地面干燥，也可白天放在舍外，晚上赶回鸭舍，舍内安装白炽灯以便于采食、饮水，但光照强度不宜过大，能看见采食即可，夏季要适当地限制饮水，防止地面潮湿。舍内的垫料要经常翻晒或增加垫料，垫料不够厚易造成仔鸭胸囊肿，从而降低屠体品质。夏季气温高可让鸭群在舍外过夜。密度则按每平方米7~8只（4周龄）、6~7只（5周龄）、5~6只（6周龄）、4~5只（7~8周龄）。舍饲成本大，不宜久喂，7周龄则上市出售，且羽毛已基本长成，饲料的转化率较高，若再喂则肉鸭偏重，绝对增重开始降低，饲料转化率也降低。如要生产分割肉则最好养至8周龄。

2. 肉用仔鸭的填肥技术

肉鸭的填肥主要是用人工强制鸭子吞食大量高能量饲料，使其在短期内快速增重和积聚脂肪。当鸭子的体重达到1.5~1.75kg时开始填肥，填肥期一般为2周左右。前期料中蛋白质含量高，粗纤维也略高；而后期料中粗蛋白含量低，粗纤维略低，但能量却高于前期料。主要是由于雏鸭早期生长发育需要较高的蛋白质，而后期的则需要较高的能量用来增加体脂，使后期的增重速度加快。填肥开始前，先将鸭子按公母、体重分群，以便于掌握填喂量。一般每天填喂3~4次，每次的时间间隔相等，前后期料各喂1周左右。

3. 填喂方法

填喂前，先将填料用水调成干糊状，用手搓成长约5cm，粗约1.5cm，重25g的剂子。填喂时，填喂人员用腿夹住鸭体两翅以下部分，左手抓住鸭的头，大拇指和食指将鸭嘴上下喙撑开，中指压住舌的前端，右手拿剂子，用水蘸一下送入鸭子的食道，并用手由上向下滑挤，使剂子进入食道的膨大部，每天填3~4次，每次填4~5个，以后则逐步增多，后期每次可填8~10个剂子。也可采用填料机填喂法，填喂前3~4h将填料用清水拌成半流体浆状，水与料的比例为 6：4。使饲料软化，但夏天防止饲料发霉变质，一般每天填喂 4 次，每次填湿料为：第 1 天填 150~160g，第 2~3 天填 175g，第 4~5 天填 200g，第 6~7 天填 225g，第 8~9 天填 275g，第 10~11 天填 325g，第 12~13 天填 400g，第 14 天填 450g，如果鸭的食欲好则可多填，应根据情况灵活掌握。填喂时把浆状的饲料装入填料机的料桶中，填喂员左手捉鸭，以掌心抵住鸭的后脑，用拇指和食指撑开鸭的上下喙，中指压住鸭舌的前端，右手轻握食道的膨大部，将鸭嘴送向填食的胶管，并将胶管送入鸭的咽下部，使胶管与鸭体在同一条直线上，这样才不会损伤食道。插好管子后，用左脚踏离合器，机器自动将饲料压进食道，料填好后，放松开关，将胶管从鸭喙里退出。填喂时鸭体要平，开嘴要快，压舌要准，插管适宜，进食要慢，撒鸭要快。填食虽定时定量，但也要按填喂后的消化情况而定。并注意观察，一般在填食前 1h 填鸭的食道膨大部出现凹沟为消化正常。早于填食前 1h 出现，表明填食过少。

4. 填肥期的管理

填喂时动作要轻，每次填喂后适当放水活动，清洁鸭体，帮助消化，促进羽毛的生长；每隔 2~3h 赶鸭子走动 1 次，以利于消化，但不能粗暴驱赶；舍内和运动场的地面要平整，防止鸭跌倒受伤；舍内保持干燥，夏天要注意防暑降温，在运动场院搭设凉棚遮荫，每天供给清洁的饮水；白天少填晚上多填，可让鸭在运动场上露宿；鸭群的密度为前期每平方米 2.5~3 只，后期每平方米 2~2.5 只；始终保持鸭舍环境安静，减少应激，闲人不得入内；一般经过 2 周左右填肥，体重在 2.5kg 以上便可上市出售。

二、肉用种鸭的饲养管理

（一）育雏期的饲养管理

肉用种鸭的育雏期为 0~4 周龄阶段。这个阶段的饲养管理参照肉用仔鸭育雏期饲养管理。

（二）育成期的饲养管理

肉用种鸭的育成期为 5~24 周龄。此期的体重和光照时间是保持产蛋期的产蛋量和孵化率的关键所在。实践证明，只有鸭群体重与体型一致性良好时，才能有好的生产性能。体型发育不好或体重偏轻的鸭群，产蛋早期蛋重小，畸形蛋多，孵化率低；体型发育不好，体重超标的鸭群会发生严重的脱肛现象。因此在育雏期间饲喂全价配合饲料，保证营养充足；在育成期要限制饲养，使其协调发展。实施科学的光照制度，控制性成熟，使其性成熟与体成熟的发育保持一致性，适时开产。采用体重和体型的双重标准，在养禽生产中越来越受到人们的重视，通过定期监测和调控后备种鸭群的生长，使其协调发展，才能培育出整齐度好、高产、稳产的后备种鸭，提高种鸭场的经济效益。

1. 饲养方式

在育成期对种鸭实行限制饲养，可以使实际体重落在目标体重范围内，性成熟时间适中，增加产蛋总量，降低产蛋期死亡率，提高受精率和孵化率，发挥其最佳生产性能。肉种鸭的限饲方法很多，常用的每日限饲，根据体重生长曲线来确定每天的供料量；另外一种是隔日限饲，把两天的料量放在 1 天 1 次性投喂，第二天则不喂料。实践证明，无论采用哪一种限饲方法，在喂料当天的第一件事都是 4 时开灯，按每群分别称料，然后定时投料。

2. 饲喂量与饲喂方法

第四周末，鸭群随机抽样 10%个体，空腹称重，计算平均体重，与标准体重或推荐的体重相比，以此确定下周的喂料量。另外，把每周的称重结果绘成曲线与标准曲线相比，通过调整饲喂量，使实际曲线与标准生长曲线基本相符，一般每周加料量在 2~4g 为宜，每周保持体重稳定增长的幅度。若体重低于标准体重，则每天每只增加 5~10g，若还达不到标准体重，则再增加；若高于标准体重，则每天每只减少 5g，直至短时间内达到标准体重。每天喂料量和每天鸭群只数一定要准确，将称量准确的饲料在早上一次性快速投入料槽，加好料后再放鸭子吃料，尽可能使鸭群在同一时间吃到料，防止有的鸭子吃的过多而使体重增长太快，有的鸭子吃的过少使体重上升太慢，达不到预期的标准；饲料营养要全面，所喂的料在 4~6h 吃完。限饲要与光照控制相结合；限饲过程中可能会出现死亡，因此更应该照顾弱小的鸭；鸭有戏水并清洗残留食物和洁身的特性，因此要在运动场内设置 0.5m 深的洗浴池，供鸭定期洗浴，或者把水槽或饮水器装满水放在运动场上，以免弄湿鸭舍。添加抗应激剂，由于鸭的敏感性较强，必须考虑到应激因素，如通风不良、称重及免疫接种、转群等对鸭群体重的不良影响，特别是在免疫接种时，应在饮水或饲料中添加维生素 C、电解质和多维素等，减少应激反应。

3. 转群

肉鸭育成期一般采用半舍饲的管理方式，鸭舍外设运动场，面积比鸭舍大 1/3，即为鸭舍的 4/3 倍。若育雏期网上平养转为育成期地面垫料平养，应在转群前 1 周应准备好育成鸭舍，并在转群前将饲料及水装满容器。由于后备公、母鸭的采食速度、喂料量及目标体重均有所不同，因而公、母鸭要分群饲养。但在公鸭群中应配备少量的母鸭，即"盖印母鸭"，以促使后备公鸭的生殖系统发育。

4. 光照

在5~20周龄这个阶段，光照的原则是光照时间宜短不宜长，光照强度宜弱不宜强，以防过早性成熟，通常每日固定9~10h的光照，实际生产中多采用自然光照。如果育成期处在日照时间逐渐增加的季节，解决的方法是将光照时间固定在19周龄时的光照时间范围内，不够的则人工补充光照，但总的光照时间不能超过11h为宜。如果自然光照日渐减少，就利用自然光照，到21周龄时则增加光照，26周时光照达到17h。每天从4时开始光照，直至21时，其余的时间为黑暗。光照时间要逐渐增加，以周为单位，而且每周增加的光照时间相等。例如，20周的自然光照时间为8h，要再增加9h的人工光照才满足17h的光照时间，因此将9h平均分配给6周，每周增加1.5h，结果为从21周开始每周增加1.5h的光照。

5. 密度

地面平养时，每只鸭子至少应有0.45平方米的活动空间，鸭舍分隔成栏，每栏以200~250只为宜，群体太大，会使群体体重差异变大，不易于饲养与管理。

6. 称重

从第4周龄开始，每周随机抽样称重。根据体重大小及时调整鸭群。从开始限饲就应整群，将体重轻、弱小的鸭单独饲养，不限饲或少限饲，直到恢复标准体重后再混群。由于鸭的粪便中含有大量的水分，很容易使舍内环境潮湿，产生大量氨气等有害气体，使舍内空气污浊，所以每天应加强通风，及时增添垫料，保持舍内垫料松软干燥、空气清新。

（三）产蛋期的饲养管理

肉用种鸭的产蛋期为 25 周龄至产蛋结束。产蛋期的饲养目的是提高产蛋量、受精率和孵化率。要做到这一点，就必须进行科学的饲养与管理。

1. 饲养技术要点

（1）饲养方式。与育成期相同，可以不转群。

（2）饲喂技术。鸭的喂料量可按不同品种的饲养手册或建议喂料量进行饲喂，最好用全价配合饲料或湿拌料。鸭有夜食的习惯，而且在午夜后产蛋，所以晚间给料相当重要，一般喂给湿料。喂料方法有两种，一种是顿喂，每天 4 次，时间间隔相等，要求喂饱；一种是昼夜喂饲，每次少喂勤添，保证槽内有料，也不使槽内有过多的剩料。其优点是每只鸭吃料的机会均等，不会发生抢料而踩踏或暴食致伤的现象，对肉种鸭来说比较合适。用颗粒饲料时，可用喂料机来喂，既省力又省时。无论采用哪一种饲喂方法，都应供给充足的饮水，并且每天刷洗水槽，保证清洁的饮水，水的深度要超过鸭的鼻孔，以便清洗鼻孔。

2. 管理技术要点

（1）产蛋箱的准备。育成鸭转入产蛋舍前，在产蛋舍内放置足够的产蛋箱，如果不换鸭舍则在育成鸭 22 周龄时放入产蛋箱。产蛋箱的尺寸为长 40cm，宽 30cm，高 40cm，每个产蛋箱供 4 只母鸭产蛋，可以将几个产蛋箱连在一起，箱底铺上松软的草或垫料，当草或垫料被污染了则要随时换掉。保证种蛋的清洁，提高孵化率。产蛋箱一旦放好，不能随意变动。

（2）环境条件。鸭虽然耐寒，但冬季舍内温度不应低于 0℃，夏季不应高于 25℃，温度低时可采取防寒保暖措施，温度高则放水洗浴、淋浴或增加通风量来降温。舍内保持垫料干燥。每天提供 17h 的光照，光照强度为每平方米地面 2W，灯高 2m，并加灯罩盖，灯分布要均匀，时间固定，不可随意更改，否则会影响产蛋率。为应付突发事件，最好自备发电设备。加强通风换气，保持舍内空气新鲜，使有害气体排出舍外。饲养密度要适宜，密度太大则影响鸭的活动、采食及饮水，密度太小则浪费房舍，一般肉用种鸭每平方米 2～3 只为宜。

（3）运动。运动对鸭的健康、食欲、产蛋量都有很大的关系。运动分舍内与舍外两种，舍外有水陆两种形式。冬天在日光照满运动场时放鸭出舍，傍晚太阳落山前赶鸭入舍。冬天运动场最好要铺草。舍外运动场每天清扫 1 次。每天驱赶鸭群运动 40～50min，分 6～8 次进行，驱赶运动切忌速度过快。舍内外要平坦，无尖刺物，以防伤到鸭子。舍内的垫草要每天添加，雨雪天气则不放鸭出舍；夏季天气热，每天 5～6 时早饲后，将鸭子赶到运动场或水池内，让鸭自由回舍，天晴时可让鸭露宿在有弱灯光的运动场上。要在运动场上搭设凉棚遮阴。鸭得到了充足的运动，能保持良好的食欲和消化能力，产蛋率较高。

（4）种蛋的收集。母鸭的产蛋时间集中在 3～4 时，随着产蛋鸭的日龄的增长，产蛋的时间会往后推迟。舍饲的鸭如不采取清晨放出舍外的方法，到 8 时也产不完蛋。饲养管理正常，母鸭应在 7 时产蛋结束，到产蛋后期，则可能会集中在 6～8 时。蛋拾得越早则越干净，夏季气温高应防止种蛋孵化，冬季气温低要防止种蛋受冻，对初产鸭要训练在产蛋箱中产蛋，减少窝外蛋，被污染的种蛋不能做种蛋。有少数的鸭产蛋迟，鸭又在产蛋箱中过夜，这样使蛋变脏或被孵，影响到种蛋的正常孵化，因此，饲养员可在临下班前再拾一次蛋。种蛋收好后消毒入库，不合格的种蛋要及时处理。生产中可以根据种蛋的破损率、畸形率、鸭的产蛋率的多少及变化来检验饲养管理是否得当，及时采取有效的措施。

3. 种公鸭的管理

种鸭群中的公母比例合理与否，关系到种蛋的受精率。一般肉用种鸭公母配比为（1：4）~（1：5），公鸭过少则影响受精率，可从备用公鸭中补充。公鸭过多也会引起争配偶而使配种率降低。还要及时淘汰配种能力不强或有伤残的公鸭。对种公鸭的精液进行品质检查，不合格的种公鸭要淘汰。公鸭要多运动，保持健康的体况，才会有良好的繁殖能力。

（四）种鸭的强制换羽

当气温升高到28℃以上或饲养条件差时，母鸭就会进行换羽。在换羽期间，绝大多数母鸭停产，少数母鸭虽能继续产蛋，但产蛋量减少，蛋品质较差，另外自然换羽的时间4~5个月。这时一边换毛一边产蛋，到立秋时身体极度疲劳，直到停产。为了缩短换羽时间，使母鸭提早产蛋，提高年产蛋量，降低成本，增加收入，对种鸭最好实行人工强制换羽。人工强制换羽一般只需要2个月左右的时间，换羽后的鸭子产蛋多、品质好，能达到较高的产蛋高峰。肉用种鸭的强制换羽的方法和时间均可参阅蛋用种鸭饲养管理部分。

第六章 规模化鹅养殖技术

我国是世界上养鹅数量最多的国家，劳动人民在长期的生产实践中，创造和总结出了一系列行之有效的饲养管理技术。近年来，我国的养鹅生产发展很快，在品种选育、配合饲料、饲养方式、疾病防治、产品加工等方面都取得了长足的进展，养鹅生产正朝着工厂化、集约化、产业化和现代化方向发展，对饲养管理提出了新的更高的要求。

第一节 鹅的生产概述

一、鹅的习性和消化特点

（一）鹅的习性

（1）喜水性。鹅是水禽，喜欢在水中寻食、嬉戏和求偶交配。因此，鹅群放牧饲养时应选择具有宽阔的水域和良好水源的地方，舍饲时应设置人工水浴池或水上运动场，供鹅群嬉戏、洗浴和交配。鹅很喜欢水，在水面上游时像一只小船，趾上有蹼似船桨，躯体相对体积质量（比重）约为0.85，气囊内充满气体，轻浮如梭，时而潜入水中扑觅淘食。喙上有触觉，并有许多横向的角质沟，当衔到带水的食物时，可不断呷水滤水留食，充分利用水中食物和矿物质满足生长和生产的需要。鹅有水中交配的习性，特别是在早晨和傍晚，水中交配次数比率占60%以上。鹅喜欢清洁，羽毛总是油亮、干净，经常用嘴梳理羽毛，不断以嘴和下颌从尾脂腺处蘸取脂油，涂以全身羽毛，这样下水可防水，上岸抖身即可干，防止污物沾染。

（2）食草性。鹅是草食水禽，凡是有草和有水源的地方均可饲养，尤其在水较多、水草丰富的地方，更适宜成群放牧饲养。鹅的消化道总长是体躯长的 11 倍，而且有发达的盲肠。鹅的肌胃特别发达，肌胃的压力是鸡的 3 倍，是鸭的 2 倍。鹅的肌胃内有一层很厚而且坚硬的角质膜，内装沙石，依靠肌胃坚厚的肌肉组织的收缩运动，可把食物磨碎。同时鹅盲肠十分发达，含有大量厌氧纤维分解菌，对粗纤维进行发酵分解，消化率可达 40%~50%。据测定，鹅对青草芽草尖和果食穗有很强的衔食性。鹅吃百样草，除莎草科苔属青草及有毒、有特殊气味的草外，它都可采食，群众称之为"青草换肥鹅"。

（3）合群性。鹅在野生状态下，天性喜群居和成群飞行。这种本性在驯化家养之后仍未改变，因而家鹅至今仍表现出很强的合群性。经过训练的鹅在放牧条件下可以成群远行数里而不乱。当有鹅离群独处时，则会高声鸣叫，一旦得到同伴的应和，孤鹅便寻声而归群。鹅相互间也不喜殴斗。因此这种合群性使鹅适于大群放牧饲养和圈养，管理也比较容易。

（4）耐寒性。鹅全身覆盖羽毛，起着隔热保温作用，因而鹅的耐寒性比鸡要强。成年鹅的羽毛比鸡的羽毛更紧密贴身，且鹅的绒羽浓密，保温性能更好，较鸡具有更强的抗寒能力。鸡的脂肪主要储积在腹部，皮下脂肪层较薄，因而鸡脂肪对于调节体温起的作用不大；而鹅的皮下脂肪则比鸡厚，因而具有较强的耐寒性。鹅的尾脂腺发达，尾脂腺分泌物中含有脂肪、卵磷脂、高级醇，鹅在梳理羽毛时，经常用喙压迫尾脂腺，挤出分泌物，再用喙涂擦全身羽毛，润湿羽毛，使羽毛不被水所浸湿，起到防水御寒的作用。故鹅即使是在 0℃ 左右的低温下，仍能在水中活动；在 10℃ 左右的气温条件下，便可保持较高的产蛋率。相对而言，鹅比较怕热，在炎热的夏季，喜欢整天泡在水中，或者在树阴下纳凉休息，觅食时间减少，采食量下降，产蛋量也下降。许多鹅种往往在夏季停止产蛋。

（5）摄食性。鹅喙呈扁平铲状，摄食时不像鸡那样啄食，而是铲食，铲进一口后，抬头吞下，然后再重复上述动作，一口一口地进行。这就要求补饲时，食槽要有一定高度，平底，且有一定宽度。鹅没有鸡那样的嗉囊，每日鹅必须有足够的采食次数，防止饥饿，每间隔 2h 需采食 1 次，小鹅就更短一些，每日必须 7~8 次，特别是夜间补饲更为重要。农村流传有"鹅不吃夜草不肥，不吃夜食不产蛋"的说法。

（6）敏感性。鹅有较好的反应能力，比较容易接受训练和调教，但它们性急、胆小，容易受惊吓而高声鸣叫，导致互相挤压。鹅的这种应激行为一般在雏鹅早期就开始表现，雏鹅对人畜及偶然出现的鲜艳色泽物、声或光等刺激均感到害怕。甚至因某只鹅无意间弄翻食盆发出声响时，其他鹅也会异常惊慌，迅速站起惊叫，并拥挤于一角。因此，应尽可能保持鹅舍的安静，避免惊群造成损失。人接近鹅群时，也要事先做出鹅熟悉的声音，以免使鹅突然受惊而影响采食或产蛋。同时，也要防止猫、犬、老鼠等动物进入圈舍。

（7）择偶性。鹅素有择偶的特性，公母鹅都会自动寻找中意的配偶，公鹅只对认准的母鹅可经常进行交配，而对群体中的其他鹅则视而不配。在鹅群中会形成以公鹅为主，母鹅只数不等的自然群体。经过一定的驯化，一般公、母鹅比例为（1∶4）~（1∶6）。

（8）就巢性。鹅虽经过人类的长期选育，有的品种已经丧失了抱孵的本性（如太湖鹅、豁眼鹅等），但大多数鹅种由于人为选择了鹅的就巢性，致使这一行为仍保持至今，这就明显减少了鹅产蛋的时间，造成鹅的产蛋性能远远低于鸡和鸭。一般鹅产蛋 15 枚左右时，就开始自然就巢，每窝可产鹅蛋 8 ~ 12 枚。

（9）夜间产蛋性。禽类大多数是白天产蛋，而母鹅是夜间产蛋，这一特性为种鹅的白天放牧提供了方便。夜间鹅不会在产蛋窝内休息，仅在产蛋前半小时左右才进入产蛋窝，产蛋后稍歇片刻才离去，有一定的恋巢性。鹅产蛋一般集中在凌晨，若多数窝被占用，有些鹅宁可推迟产蛋时间，这样就影响了鹅的正常产蛋。因此，鹅舍内窝位要足，垫草要勤换。

（10）生活规律性。鹅具有良好的条件反射能力，活动节奏表现出极强的规律性。如在放牧饲养时，一日之中的放牧、收牧、交配、采食、洗羽、歇息、产蛋等都有比较固定的时间。而且这种生活节奏一经形成便不易改变。如原来每日喂 4 次的，突然改为 3 次，鹅会很不习惯，并会在原来喂食的时候，自动群集鸣叫，发生骚乱；如原来的产蛋窝被移动后，鹅会拒绝产蛋或随地产蛋；如早晨放牧过早，有的鹅还未产蛋即跟着出牧，当要产蛋时这些鹅会急急忙忙赶回舍内自己的窝内产蛋。因此，在养鹅生产中，已经制定的操作管理规程要保持稳定，不要轻易改变。

（二）鹅的消化特点

鹅在生活和生产过程中，需要各种营养物质，包括蛋白质、脂类、糖类、无机盐、维生素和水等，这些营养物质都存在于饲料中。饲料在消化器官中要经过消化和吸收两个过程。

（1）鹅消化系统的解剖构造。鹅的消化系统包括消化道和消化腺两部分：消化道由喙、口咽、食道（包括食道膨大部）、胃（腺胃和肌胃）、小肠、大肠和泄殖腔组成；消化腺包括肝脏和胰腺等。

（2）鹅的消化生理。饲料由喙采食通过消化道直至排出泄殖腔，在各段消化道中消化程度和侧重点各不相同，例如肌胃是机械消化的主要部位，小肠以化学消化和养分吸收为主，而微生物消化主要发生在盲肠。

（3）对鹅消化特点的利用。青饲料是鹅主要的营养来源，甚至完全依赖青饲料也能生存。鹅之所以能单靠吃草而活，主要是依靠肌胃强有力的机械消化、小肠对非粗纤维成分的化学性消化及盲肠对粗纤维的微生物消化等三者协同作用的结果。与鸡鸭相比，虽然鹅的盲肠微生物能更好地消化利用粗纤维，但由于盲肠内食糜量很少，而盲肠又处于消化道的后端，很多食糜并不经过盲肠。因此，粗纤维的营养意义不如想象中的那样重要。许多研究表明，只有当饲料品质十分低劣时，盲肠对粗纤维的消化才有较重要的意义。事实上鹅是依赖频频采食，采食量大而获得大量养分的。农谚"家无万石粮，莫饲长颈项""鹅者饿也，肠直便粪，常食难饱"，反映了这一消化特点。因此，在制定鹅饲料配方和饲养规程时，可采取降低饲料质量（营养浓度），增加饲喂次数和饲喂数量，来适应鹅的消化特点，提高经济效益。

第二节　怎样选择优良种鹅

一、国内优良鹅品种

（一）太湖鹅

原产于江浙两省的太湖流域，是一种小型的白鹅良种，肉、蛋兼用型，具有早期生长快、肉质细嫩以及性成熟早、繁殖能力高、母鹅产蛋率高、就巢性弱等特点，适于生产肉用仔鹅。

（1）体型外貌。前躯高抬，体质细致紧凑，全身白羽紧贴，肉瘤明显且呈姜黄色、圆小光滑，眼睑蛋黄色，虹彩蓝灰色，喙、胫、蹼呈橘红色，喙较短且喙端颜色较淡，爪白色，颈细长呈弓形，无咽袋。

（2）生长性能。雏鹅出壳重90g左右，采取种草养鹅，30日龄体重达 0.85kg，60日龄体重达 2.5kg，70日龄上市体重可达3kg。

（3）繁殖性能。太湖鹅性成熟早，母鹅在 160 日龄开始陆续产蛋，无就巢性。平均蛋重 135g，每只鹅平均产蛋可达 60~70 枚，蛋壳白色。母鹅一般利用年限为 3 年。公母配种比例（1∶6）~（1∶7），种蛋受精率90%以上，受精蛋孵化率达85%以上。

（4）产绒性能。太湖鹅羽绒洁白、绒质较好，屠宰一次性可取羽绒 200~250g，含绒量为 30%。

（5）评价。太湖鹅繁殖性能好，肉质优良，是生产肉用仔鹅的优良品种。

（二）豁眼鹅

原产于山东省莱阳地区的五龙河流域，因其眼睑边缘后方有豁口而得名，该鹅体型较小，以产蛋多著名，并具有耐粗饲、适应性强、抗病力强等特点。

（1）体型外貌。豁眼鹅体型轻小紧凑，全身羽毛洁白，成年鹅有橘黄色的肉瘤，眼睑淡黄色，两眼睑上均有明显的豁口。虹彩呈蓝灰色，头较小，颈细且稍长。公鹅成年平均体重为 3.5~4.5kg，母鹅成年平均体重为 3~4kg。

（2）生长性能。豁眼鹅的雏鹅出生重为 70~80g，其生长速度因各产区的饲养条件不同而有较大差异。

（3）繁殖性能。豁眼鹅在 7~8 月龄达到性成熟，可配种产蛋，公母比为（1∶5）~（1∶7）；在放养条件下，平均年产蛋量 80 枚左右，半放养条件下，年产蛋量在 100 枚以上，在较好的饲养管理条件下，年平均产蛋量在 120~130 枚，在饲料充足、细致管理的条件下，有年产蛋量 180~200 枚，平均蛋重 120~130g，产蛋旺期 2~3 年，属于世界产蛋量最高的鹅种之一，一般利用年限为 4~5 年。

（4）产绒性能。豁眼鹅羽绒洁白，含绒量高，但绒絮稍短。成年鹅每只每次可活拔羽绒 50~75g，含绒率平均为 30.3%；母鹅可拔羽绒 150g 以上，平均纯绒 60g，毛片 136g。

（5）产肥肝性能。豁眼鹅一般肝重 68~92g，经填饲，肥肝平均重 324.6g，最重达 515g。

（6）评价。豁眼鹅抗寒性较强，产蛋量高，在严冬季节 -30℃仍能产蛋，是我国乃至全世界产蛋量最多的鹅种，被誉为"鹅中来航"。羽绒产量高，质量好。

（三）乌鬃鹅

原产于广东省清远市，主要分布于广东北部、中部和广州市郊。该鹅以骨细、肉厚、脂丰、适于制作烧鹅而闻名。

（1）体型外貌。该鹅颈细、体质结实、被毛紧凑、体躯宽短、背平、腿细短，尾呈扇形，向上翘。喙、肉瘤、胫、蹼均为黑色。公鹅体型较大，成年体重达 3~3.5kg，母鹅成年体重达 2.5~3kg、成年鹅从头顶到最后颈椎有 1 条黑褐色鬃状羽毛带，颈部两侧的羽毛为白色，翼羽、肩羽和背羽乌褐色，羽毛末端有明显的棕褐色镶边，胸羽白色或灰色，腹羽灰白色或白色。

（2）生长性能。早期生长速度较快。在放牧条件下，8 周龄上市体重可达 2.5~3kg；舍饲条件下，8 周龄上市体重可达 3~3.5kg。

（3）繁殖性能。性成熟早，一般在 140 日龄开产，一年平均年产蛋 30~35 枚，平均蛋重 145g，蛋壳浅褐色。母鹅的就巢性很强，每产完一期蛋就巢一次，公母配种比例达

（1∶8）～（1∶10），种蛋受精率达 88%，孵化率达 92.5%。

（4）评价。乌鬃鹅胴体细致、肉嫩多汁，营养成分丰富，蛋白质含量 17%～22%，每 100g 鹅肉热能达 0.71～0.84MJ，不饱和脂肪含量高，占总脂肪量的 70%，熔点低，质量好。可加工成罐头、熟制品，为消费者所喜爱。产蛋性能低。

（四）籽鹅

原产于东北松辽平原，以产蛋多而著名，是世界上少有的高产蛋鹅种。

（1）体型外貌。籽鹅体型小，紧凑，略呈长圆形，颈细长，颌下垂皮较小，头上有小肉瘤，多数头顶有缨。喙、胫和蹼为橙黄色，额下垂皮较小，腹部不下垂，全身羽毛白色。

（2）生长性能。成年公鹅体重 4～4.5kg，母鹅 3～3.5kg。

（3）繁殖性能。母鹅 6～7 月龄开产，一般年产蛋在 100 枚以上，饲养管理条件好时可达 180 枚以上，蛋重平均 131.1g，蛋壳为白色。公母配种比为（1∶5）～（1∶7）。

（4）评价。籽鹅抗寒、耐粗饲能力很强，属于产蛋性能好的小型优良品种。

（五）皖西白鹅

原产于安徽省西部的丘陵山区及河南省固始一带，主要分布在皖西的霍丘、六安、寿县以及河南的固始等县。

（1）体型外貌。体型中等，颈长呈弓形，胸深广，背宽平。全身羽毛洁白，头顶有肉瘤，虹彩灰蓝色，喙、肉瘤、胫、蹼呈橘红色，爪白色，少数鹅有咽袋和顶心毛。

（2）生长性能。出生重 90g，成年鹅体重 5.5～6.5kg，母鹅 5～6kg。放养条件下，60 日龄仔鹅体重 3～3.5kg，90 日龄可达 4.5kg。

（3）繁殖性能。母鹅开产日龄在 180 天左右，年产蛋在

25~36 枚左右，平均蛋重 142g，公鹅利用年限为 3~4 年，母鹅为 4~5 年。公母配种比例为（1：4）~（1：5）。

（4）评价。该鹅羽绒品质高、耐粗饲。早期生长速度快，成活率高，但是产蛋量低。

（六）狮头鹅

狮头鹅是最大的肉鹅品种，原产于广东省饶平县。

（1）体型外貌。狮头鹅体大，头大如雄狮头状而得名。颔下咽袋发达，眼凹陷，眼圈呈金黄色，喙深灰色，胸深而广，胫与蹼为橘红色，头顶和两颊肉瘤突出，母鹅肉瘤较扁平，显黑色或黑色而带有黄斑，全身羽毛为灰色。

（2）生长性能。成年公鹅体重 12~17kg；母鹅 9~13kg，56 日龄体重可达 5kg 以上。在大群饲养条件下，狮头鹅在 40~70 日龄时增重最快，其中 51~60 日龄平均日增重达 116.7g。

（3）肥肝性能。狮头鹅的肥肝性能较好。

（4）繁殖性能。母鹅开产期 6~7 月龄，年产蛋 20~38 枚，产蛋盛期为第二年至第四年，公母鹅配种比例以 1：5 为宜，母鹅就巢性很强，母鹅可利用 5~6 年，产蛋盛期为第 2~4 年。

（5）评价。是我国体型最大、产肥肝性能最好的灰羽品种。这种鹅生长速度快，与其他品种母鹅杂交，能明显提高仔鹅的生长速度和产肥肝性能。常作为杂交配套的父本品种。

（七）溆浦鹅

原产于湖南省沅水支流溆水两岸，是肥肝性能比较优良的鹅种之一。

（1）体型外貌。溆浦鹅有灰白两种羽色，喙、肉瘤、蹼呈橘红色，灰鹅的颈部、背部、尾部羽色为灰色，腹部白色，母鹅有腹褶，肉瘤明显。

（2）生长性能。出壳重 120g 左右，早期生长速度快，成年鹅体重 6~6.5kg，母鹅 5~6kg。

（3）肥肝性能。肥肝性能优良，次于狮头鹅，肥肝平均重达 650g，最大重达 900g 以上。

（4）繁殖性能。母鹅 7 月龄开产，一般年产蛋 30 枚左右，平均蛋重 212.5g，母鹅就巢性强。

（5）评价。肥肝性能好，可以进行肥肝性能选育。

（八）四川白鹅

原产于川西平原，分布于全省平坝和丘陵水稻产区，属于中型鹅，基本无就巢性，产蛋性能良好。

（1）体型外貌。四川白鹅全身羽毛洁白，喙、胫、蹼橘红色，虹彩为灰蓝色。公鹅头颈较粗，体躯稍长，额部有一呈半圆形肉瘤；母鹅头轻秀，颈细长，肉瘤不明显。

（2）生长性能。初生重为 81g，成年公鹅体重 4.5~5kg、母鹅 4~4.5kg，60 日龄前生长较快。

（3）繁殖性能。母鹅开产日龄 220 天左右，年产蛋 80~110 枚，蛋重 150g 左右。公鹅性成熟期 180 天，公母鹅配种比例以 1:4 为宜；母鹅就巢性弱，可通过圈养消除其就巢性，以此提高产蛋量 10%~15%。

（4）评价。四川白鹅适应性好，基本无就巢性，繁殖性能好，仔鹅生长速度较快，是生产肉用仔鹅的优良品种。配合力好，是培育配套系中母系母本的理想品种。

（九）浙东白鹅

产于浙江省东部的奉化、定海、象山县，分布于鄞县、绍兴、余姚、上虞、嵊县、新昌等县。

（1）体型外貌。体型中等，体躯呈长方形。全身羽毛洁白，个别鹅头部及背部有灰色点状杂毛。肉瘤高突，无咽袋，颈细长。喙、胫、蹼雏鹅时为橘黄色，成年后变为橘红色。爪为玉白色，肉瘤颜色较喙色略浅，眼睑金黄色，虹彩蓝灰色。公鹅体大较宽，胸部发达，昂首挺胸。母鹅腹部发育良好，大而下垂，性情温顺。

（2）生长性能。在一般饲养条件下，上市日龄一般在 70 日龄左右，体重 3.2~4kg，出售时要用精料进行 10 多天的育肥，以改善肉质，提高屠宰率。

（3）繁殖性能。母鹅一般在 150 日龄左右开产，公鹅 4 月龄开始性成熟，初配控制在 160 日龄以后。公、母鹅比一般为 1：10。一般每年有 4 个产蛋期，每期产蛋 8~13 个，全年计产蛋 40 个左右，蛋壳为灰白色，平均蛋重 140g 左右。

（4）评价。仔鹅生长快，尤其在青年期作短期肥育后，可改善肉质，属于优良的肉用仔鹅。

二、国外优良鹅品种

（一）朗德鹅

原产于法国朗德省，是当今世界上最适于生产鹅肥肝的鹅种，属于专用填肥肝的品种。

（1）体型外貌。朗德鹅毛色灰褐，也有部分白羽或灰白色个体，颈背部接近黑色，胸毛色浅呈银灰色，腹部呈白色，喙橘黄色，胫、蹼肉色。

（2）生长性能。成年公鹅体重 7~8kg，母鹅 6~7kg，仔鹅生长较快，8 周龄个体可达 4~5kg。

（3）肥肝性能。一般饲养条件下，鹅肥肝重达 500~600g，经填饲的朗德鹅肥肝重可达 700~800g，是世界著名的肥肝专用品种。

（4）评价。仔鹅生长迅速，羽绒产量高，肥肝性能好，适应性强，成活率高，缺点是肥肝质软、易碎。

（二）莱茵鹅

原产于德国莱茵河流域的莱茵州，以产蛋量高著称，此鹅能适应大群舍饲。我国江苏省 1989 年从法国引进。

（1）体型外貌。头上无肉瘤，颈粗短，初生雏鹅背羽灰白色，2~6 周龄逐渐变为白色，成年鹅全身羽毛洁白，喙、胫、蹼呈橘黄色。

（2）生长性能。8 周龄仔鹅重达 5~6kg，成年公鹅体重成年公鹅体重 5~6kg，母鹅 4.5~5kg。

（3）繁殖性能。以产蛋量高，繁殖性能好而著称。母鹅开产日龄 220 天左右，年产蛋 50~60 枚，蛋重 150~190g，受精率和孵化率均高。

（4）评价。早期生长快，繁殖力强，适于大型鹅场批量生产肉用仔鹅，也是肉鹅生产的优良父本品种，适于大群饲养。

（三）卢兹鹅

原产于法国西南部图卢兹镇，分为生产型和颈垂型两种，是世界上体型最大的鹅种，也是填肥肝用鹅。

（1）体型外貌。图卢兹鹅头大、喙尖、颈粗短、体宽而深，咽袋与腹袋发达，羽色灰褐色，腹部红色、喙胫、蹼呈橘红色。

（2）生长性能。成年公鹅体重 10~12kg，母鹅体重 8~10kg，仔鹅 8 周龄可达到 4.5kg 以上。

（3）繁殖性能。母鹅 10 月龄开产，年平均产蛋 20~30枚，平均蛋重 170~200g，母鹅就巢性不强，颈垂型繁殖性能差，是家鹅中最难饲养的品种。

（4）肥肝性能。一般饲养条件下，鹅肥肝重达 1kg 以上，肥肝性能良好，但质量较差。

（5）评价。可以作为培育肉用型品系和肥肝专用品系的素材。

（四）匈牙利鹅

原产于多瑙河流域和玛加尔平原，是匈牙利肉鹅和肥肝生产的主要品种。

（1）体型外貌。匈牙利鹅羽毛白色、喙、蹼及跖橘黄色。

（2）生长性能。成年公鹅体重6~7kg，母鹅5~6kg，仔鹅早期生长速度快。

（3）繁殖性能。母鹅在一般饲养条件下，年产蛋15~20枚，近年来引进了莱茵鹅血统提高了其繁殖性能，在良好饲养条件下，年产蛋30~50枚，蛋重160~180g。

（4）肥肝性能。一般饲养条件下，鹅肥肝重达500~600g，肥肝性能良好。

（5）评价。羽绒质量很好，肥肝性能优良。

三、鹅的良种选择

选择种鹅的目标是：选择优秀的个体，并能将其优秀的品质遗传给后代，提高商品鹅的生产性能和经济效益。对种鹅选择的原则要求是：外貌特征与品种符合，体质健壮，适应性强，遗传稳定和生产性能优良。鹅的选种方法，常见的方法有两种，一是根据鹅的体型外貌和生理特征进行选择；二是根据记录资料进行选种，在实践中尽可能将两种方法结合起来，效果会更好。

1. 根据体型外貌和生理特征进行选择

体型外貌和生理特征作为初选手段，可以反映出种鹅的生长发育和健康状况，作为判断其生产性能的基本参考依据，这种方法适合于生产商品鹅的种鹅，因为这种生产商品鹅的工厂一般不会做生产性能的记录资料。根据体型外貌选择一般要在不同的发育阶段进行多次选择。

中国鹅的体型外貌分为小型、中型和大型，每种体型都具有其自身的特点，因此在选种时注意观察体型外貌是否符合，另外，每个品种的鹅又存在着各自独特的特征和优良特性。如狮头鹅属于大型鹅品种，其头顶、颊和喙下均有大的肉瘤，肥育性能和肥肝性能好。

（1）雏鹅的选择。应该从2～3年的母鹅所产种蛋孵化的雏鹅中，选择适时出壳，体质健壮，绒毛光洁且长短稀密度适度，体重大小均匀，腹部柔软无钉脐，绒毛、喙、胫的颜色都符合品种特征的健雏作种雏。还要注意，不同孵化季节孵出的雏鹅，对它的生产性能影响较大：早春孵出的雏鹅，生长发育快，体质健壮，生活力强，开产早，生产性能好。春末夏初孵出的雏鹅较差。

选留的雏鹅的外貌体型和各生理指标都应该符合品种的特征和要求，绒毛整齐，富有光泽，眼大有神，行动灵活。

育雏期结束时，即在29日龄进行初选，公鹅应选择体重大、体型良好、体质健壮的个体，羽毛着生情况正常，体质健康、无疾病，符合本品种的特征要求。

（2）育成种鹅的选择。通常是在中鹅阶段（70～80日龄）饲养结束后转群前的选留。将公、母分开，散放，任其自由活动，边看边选。把羽毛颜色符合品种要求、生长发育快、体质健壮的个体留作后备种鹅。不符合条件的个体及时淘汰。

（3）后备种鹅的选择。在120日龄至开产前的后备种鹅中，把鹅体各部位器官发育良好而匀称、体质健壮、骨骼结实、反应灵敏、活泼好动、品种特征明显的个体留作种用，把羽色异常、偏头、垂翅、翻翅、歪尾、瘤腿、体重小、衰弱等不合格的个体及时淘汰。

（4）开产前的选择。在 180 日龄后，母鹅开产、公鹅配种前，对公、母鹅分别进行选择。母鹅选留标准：体躯各部位发育匀称，体型不粗大，头大小适中，眼睛明亮有神，颈细中等长，体躯长而圆、前躯较浅窄、后躯宽而深，两脚健壮且距离较宽，羽毛光洁紧密贴身，尾腹宽阔，尾平直。公鹅选留标准：体型大，体质健壮，身躯各部位发育匀称，肥瘦适中，头大脸宽，眼睛灵敏有神，喙长、钝且闭合有力，叫声宏亮，颈长粗且略显弯曲，体躯呈长方形、前躯宽阔、背宽而长、腹部平整，腿长短适中、强壮有力，两脚距离较宽。若是有肉瘤的品种，肉瘤必须发育良好而突出，呈现雄性特征。

另外，种公鹅选择要格外严格，因为公鹅阴茎发育不良的比例较大。在选择公鹅时，除注意体型外貌正常和体格健壮之外，还必须检查阴茎发育情况，最好还要检查精液品质。因为公鹅好，好一批，一只公鹅配 4~6 只母鹅，如果公鹅缺乏繁殖能力，这 4~6 只母鹅在一个繁殖季节里，就等于白白地浪费了人力和物力。

2. 根据记录资料进行选择

鹅的体型外貌能在一定程度上能够反映出它的品质优劣，但还不能准确地评价种鹅潜在的生产性能和种用品质。所以，种鹅场应做好生产记录，根据记录资料进行有效的选择。

（1）根据系谱资料进行选择。这种方法适合于尚无生产性能记录的幼鹅、育成鹅或种公鹅的选择，这些鹅尚不清楚成年后的生产性能的高低，公鹅不产蛋，只有查看系谱资料才能知道，一般比较前代和祖代即可。

（2）根据本身或同胞的生产性能进行选择。本身成绩是种鹅生产性能的直接表现，也是选择种鹅的重要依据，系谱只能说明生产性能的可能性，注意个体本身成绩只适于遗传力高的性状；在早期选择种公鹅时，可根据公鹅的全同胞或半同胞姊妹的生产性能来间接估计，对于一些遗传力低的性状，用同胞资料来估计比较可靠，但是要注意的是同胞鉴定只能区别家系间的优劣，而同一家系内就难以鉴别。

具体办法是：将留作种鹅的鹅只，分别编号登记，逐只记录开产日龄、开产体重、成年体重，第 1 个产蛋年的产蛋数、平均蛋重，第 2 年的产蛋数、平均蛋重、种蛋受精率、孵化率，有无抱窝性等。根据资料，将适时开产、产蛋多、持续期长、平均蛋重合格、无抱窝性、健壮的优秀个体留作种鹅，将开产过早或过晚、产蛋少、蛋重过大或过小、抱窝性强和体质弱的个体及时淘汰。在鉴定羽绒性能时，应注意羽绒产量高，且质量要好。

（3）根据后裔成绩选择。这种方法是选择种鹅的最高形式，选出的种禽不仅本身是优秀的个体，而且是通过其后代的成绩，可以估计它的优良品质是否能稳定地传给下一代，主要用于公鹅。

第三节　雏鹅的饲养管理

雏鹅是指孵化出壳后到 4 周龄或 1 月龄内的鹅，又叫小鹅。这一饲养阶段称为育雏期，该阶段的成活率称为育雏率。雏鹅的培育是整个饲养管理的一个重要的基础环节。雏鹅培育的成功与否，直接影响雏鹅的生长发育和成活率，继而影响到育成鹅的生长发育和生产性能，对以后种鹅的繁殖性能也有一定的影响。因此，在养鹅生产中要高度重视雏鹅的培育工作，以培育出生长发育快、体质健壮、成活率高的雏鹅，为养鹅生产打下良好的基础。

一、育雏需要的条件

育雏的时间各地不一，可根据当地气温、青草的生长情况，以节省精料，降低饲养成本，增加经济效益为原则。一般来说，我国南方地区从早春2月开始饲养雏鹅，北方农村多在3—6月，华南地区则在春秋两季饲养雏鹅。

鹅雏的生长发育要求良好的环境条件，除具有健康的雏苗外，适宜的温度、湿度、密度、通风换气及光照等都是育雏期间必须具备的条件。

（1）合适的温度。刚出壳的雏鹅，绒毛稀少，体质比较弱，身体又比其他雏禽大且呆笨，本身调节体温能力弱。为了防止它们之间扎堆压伤或受热"出汗"而成僵鹅，必须人为地创造一定的外界温度，即人工体温，需要有2~3周的时间，否则将影响雏鹅的生长发育和成活率。

温度的高低，保温期的长短，因品种、季节、日龄和雏鹅的强弱而不同。如弱雏，早春或夜晚可适当提高1℃。所谓育雏温度只是一种参考，在饲养过程中除看温度表和通过人的感觉器官估测掌握育雏的温度外，还可根据雏鹅的表现观察温度的高低。温度适宜，雏鹅安静无声，彼此虽似靠近，但无扎堆现象，吃饱后不久就睡觉；如果箱内或室内温度过低，雏鹅叫声频频而尖，并相互挤压，严重时发生堆集；如果温度过高，雏鹅向四周散开，叫声高而短，张口呼吸，背部羽毛潮湿，行动不安，放出吃料时表现口渴而大量饮水。发现上述两种情况，应及时调整。温度不能忽高忽低，温度过低，雏鹅受凉易感冒；温度过高，雏鹅体质将会变弱。

育雏期所需温度，可按日龄、季节及雏鹅体质情况进行调整。

（2）适宜的湿度。鹅虽然属于水禽，但怕圈舍潮湿，30

日龄以内的雏鹅更怕潮湿。俗话说"养鹅无巧，窝干食饱"。潮湿对雏鹅健康和生长影响很大，若湿度高温度低，体热散发而感寒冷，易引起感冒和下痢。若湿度高温度也高，则体散热越发受抑制，体热积累造成物质代谢与食欲下降，抵抗力减弱，发病率增加。因此，育雏室应选择在地势较高，排水良好的沙质土壤为佳。育雏室的门窗不宜密封，要注意通风透光。室内相对湿度的具体要求是：0～10 日龄时，相对湿度为60%～65%；11～21 日龄时，为65%～70%，参见表6-1。室内不宜放置湿物，喂水时切勿外溢，要注意保持地面干燥。尤其是育雏笼，每次喂料后要增添垫料 1 次。自温育雏在保温与防湿上存在一定矛盾，如在加覆盖物时温度便上升，湿度也增加，加上雏鹅日龄增大，采食与排粪量增加，湿度将更大，因此，在加覆盖物保温时不能密封，应留一通气孔。此外，育雏室与育雏笼内温度、湿度相差较大，当揭开覆盖物喂饲时，很容易感冒，忽冷忽热，尤其寒冷季节更为严重。最好育雏室内应有保温设备，特别在大规模育雏中，不但管理方便而且可提高劳动效率和育雏效果。

表 6-1　鹅的适宜育雏温度与湿度

日龄	温度（℃）	相对湿度（%）	室温（℃）
1～5	27～28	60～65	15～18
6～10	25～26	60～65	15～18
11～15	22～24	65～70	15
16～20	20～22	65～70	15
20 以上	脱温		

　　（3）注意通风换气。由于雏鹅生长发育较快，新陈代谢非常旺盛，排出大量的二氧化碳和水蒸气，加之粪便中分解出

的氨，使室内的空气受到污染，影响雏鹅的生长发育。为此，育雏室必须有通风设备，经常进行通风换气，保持室内空气新鲜。通风换气时，不能让进入室内的风直接吹到雏鹅身上，防止受凉而引起感冒。同时，自温育雏的覆盖物有气孔，不能盖严。

（4）适宜的密度。饲养密度直接关系到雏鹅的活动、采食、空气新鲜度。从集约化观点要求是适当的密度，在通风许可的条件下，可提高密度。但饲养密度过小，不符合经济要求，而饲养过大，则直接影响雏鹅的生长发育与健康。实践证明，每平方米的容雏数要考虑到品种类型、日龄、用途、育雏设备、气温等条件。合理密度以每平方米饲养 8~10 只雏鹅为宜，每群以 100~150 只为宜。在正常的饲养管理下，雏鹅生长发育较快，要随日龄的增加，对密度进行不断的调整，保持适宜的密度，保证雏鹅正常生长发育。如果密度过大，鹅群拥挤，则生长发育缓慢，并出现相互啄羽、啄趾、啄肛等现象。密度过小，当然也不经济。具体的饲养密度见表 6-2。

表 6-2　雏鹅的饲养密度

日龄	饲养只数/m^2
1~5	25
6~10	15~20
11~15	12~15
16~20	8~18

（5）正确的光照。要制定正确的雏鹅光照制度，并严格执行。光照不仅对生长速度有影响，也对仔鹅培育期性成熟有影响。光照量过度，种鹅性成熟提前。种鹅开产早，蛋形小，产蛋持续性差。育雏期光照时间，育雏第 1 天可采用 24h 光

照，以后每 2 天减少 1h，至 4 周龄时采用自然光照。

二、雏鹅的饲养

（1）及早开水。当雏鹅从孵化场运来后，立即安排到事先准备好并消毒过的育雏室里（育雏保温设备在雏鹅到达前先预热升温），稍事休息，应随即喂水。如果是远距离运输，则宜首先喂给 5%～10% 的葡萄糖水，这对提高育雏成绩很有帮助，其后就可改用普通清洁饮水。饮水训练是将雏鹅（逐只或一部分）的嘴在饮水器里轻轻按 1 次或 2 次，使之与水接触，如果批量较大，就训练一部分小鹅先学会饮水，然后通过模仿行为使其他小鹅相互学习。但是饮水器放置位置要固定，切忌随便移动。一经饮水后，绝不能停止，保证随时都可以喝到水，天气寒冷时宜用温水。

初次饮水要在开料之前进行，有的地方称"潮口"，这是很重要的一关。之所以重要，是由于出壳时腹内带有一个几乎没有被利用的蛋黄，它可为出壳后的雏鹅维持 90h 的生命。雏鹅从出壳运到育雏室直到喂料这一段时间里的生命活动，全靠体内卵黄供应能量和营养，而卵黄在吸收过程中，需消耗较多的水分，所以，进入育雏室的第一件事就是先饮水。生命活动少不了水，养分的吸收一定需要水参与才能完成，这是生命化学过程的常识。然而，有些地方对此极不重视，雏鹅只喂给一些浸湿的碎米和青饲料，因此水分远远不能满足需要。在几天或几小时后，突然喂水时或放到水池里，立即引起"呛水"暴饮，造成生理上酸碱平衡失调的所谓"水中毒"，死亡率极高，这些事例常有发生。也有的地方采用把小鹅放在竹筐里，再把竹筐放在水盆里或者河水里，让小鹅隔筐站在水中（3～4cm 深），使之接触水、喝水，即所谓点水，目的之一也是喝水，但这种方法易弄湿绒毛而受凉，必须谨慎从事。

如果雏鹅较长时间缺水，为防止因骤然供水引起暴饮造成的损失，宜在饮水中按 0.9% 的比例加入些食盐，调制成生理盐水，这样的饮水即使暴饮也不会影响血液中正负离子的浓度。故无须担心暴饮造成的"水中毒"。

饮水器内水的深度以 3cm 为宜。随着雏鹅的成长，在放牧时可放入浅水塘活动（以浸没颈部为准），但必须在气温较高时进行，时间要短，路程要近。随着年龄增长，可以延长路线和放牧时间。过迟开始饮水，不仅会脱水，造成死亡，也影响活重和生长发育，俗称"老口"，较难饲养。

（2）适时开食。刚出壳的雏鹅，其腹内卵黄虽能满足 3～4 天的营养需要，但不能等到第 4 天才开始喂食，因为雏鹅从利用卵黄转为利用饲料需要一个过程。一般来说，第 4 天起，体内卵黄已基本被吸收利用完了，体重较原来轻，俗称"收身"，这时食欲增强，消化能力也较强。如果不适时开食，能量和养分供应就会产生脱节现象，对生长发育不利。适时开食还能促进胎粪排出，刺激食欲。

开食必须在第一次饮水后，当雏鹅开始"起身"（站起来活动）并表现有啄食行为时进行。一般是在出壳后 24～36h 开食。

开食的精料多为细小的谷实类，常用的是碎米和小米，经清水浸泡 2h，喂前沥干水。开食的青料要求新鲜、易消化，常用的是苦荬菜、莴苣叶、青菜等，以幼嫩、多汁的为好。青料喂前要剔除黄叶、烂叶和泥土，去除粗硬的叶脉、茎秆，并切成 1～2mm 宽的细丝状。饲喂时把加工好的青料放在手上晃动，并均匀地撒在草席或塑料布上，引诱雏鹅采食。个别反应迟钝、不会采食的鹅，可将青料送到其嘴边，或将其头轻轻拉入饲料盆中。开食可以先青后精，也可先精后青，还可以青精混合。开食的时间约为半小时，开食时的喂量一般为每 1 000

只雏鹅 5kg/天青料，2.5kg/天碎米，分 6~10 次（包括夜晚）饲喂。在华东、华南地区，也有用米饭代替浸泡碎米的，但饭粒不可太烂，以饭粒彼此能散开为宜。青料在切细时不可挤压。切碎的青料不可存放过久。雏鹅对脂肪的利用能力很差，饲料中应忌油，不要用带油腻的刀切青料，更不要加喂含脂肪较多的动物性饲料。

（3）饲料与饲喂方法。雏鹅的饲料包括精料、青料、矿物质、维生素和添加剂等，刚出壳的雏鹅消化功能较差，应喂给易消化的富含能量、蛋白质和维生素的饲料。在现代集约化养鹅中多喂以全价配合饲料。3 周内的雏鹅，日粮中营养水平应按饲料标准配制，1~21 日龄的雏鹅，日粮蛋白质水平为 20%~22%，代谢能为 11.30~11.72MJ/kg；28 日龄起，粗蛋白水平为 18%，代谢能为 11.72MJ/kg。饲喂颗粒料较粉料好，因其适口性好，不易粘嘴，浪费少。喂颗粒料还比喂粉料节约 15%~30% 的饲料。实践证明，喂给富含蛋白质日粮的雏鹅生长快、成活率高，比喂单一饲料的雏鹅可提早 10~15 天达到上市出售的标准体重。另外，鹅是草食水禽，在培育雏鹅时要充分发挥其生物学特性，补充日粮中维生素的不足时，最好用幼嫩菜叶切成细丝喂给。应满足雏鹅对青绿饲料的需要，缺乏青料时，要在精料中补充 0.01% 的复合维生素。

育雏期饲喂全价配合饲料时，一般都采用全天供料，自由采食的方法。传统育雏的饲喂方法如下。

1~3 日龄：青饲料要剔除老叶、黄叶与烂叶，再除去粗叶脉与泥土，洗净后切成 1~2mm 宽的细丝状。1 日龄每千只日耗青料 5kg，碎米 2.5kg。每昼夜喂 6 次。以后雏鹅都要这样饲喂，但喂量渐增，到 3 日龄时每 1 000 只鹅用碎米 5kg/天，青料 12.5kg/天，同时满足其饮水要求。

4~10 日龄：这个时期的雏鹅，食欲和消化能力有所增强，喂量要逐步增加。7 日龄时每 1 000 只鹅用碎米 15kg/天，青料 37.5kg/天；10 日龄时提高到碎米 21kg/天，青料 77.5kg/天左右。碎米浸泡同前，如果是米饭可逐步增加硬度。青料切碎的宽度可略增加，达 2~3mm。饲喂次数适当减少，可每天喂 6~8 次，其中夜间 2 次或 3 次。此时可在饲料中加一些煮熟的蛋黄或含脂肪较少的植物性蛋白饲料。上述喂量只是参考量，实际饲喂时以掌握八成饱为宜，因为这时雏鹅的消化能力还较差。从 4 日龄起，雏鹅的饲料中应添加沙砾，大小以能吃下去即可。

11~20 日龄：精料可由熟喂逐步过渡为生喂，生喂的逐渐转为少浸泡或不浸泡，也可渐转为用混合精料。青料宽度可增为 3~5mm，并逐步增加青料的比例，使其比例增至 80%~90% 的水平。每天喂给的次数，可减少为 6 次，其中晚上 2 次。如天气晴朗、暖和，可以开始放牧，让鹅采食青草，放牧前不喂料。这一阶段内，青料中可包括切碎的较粗硬的叶柄、叶脉。

21~30 日龄：雏鹅对外界环境的适应性增加，消化能力也加强。日粮中的精料可由米逐步转变为"开口谷"，即煮至外壳裂开的谷实，或用浸泡过的谷实，也可以用混合精料。青料的切碎宽度可再增到 5~10mm，日粮中青料的比例可增加到 90%~92%。这时，也要逐步延长放牧时间。舍饲一般每天喂 5 次，其中晚上 1 次或 2 次。

鹅没有牙齿，对食物的机械消化主要依靠肌胃的挤压、磨切，除肫皮可磨碎食物外，还必须有沙砾协助，以提高消化率，防止消化不良。雏鹅 3 天后饲料中就可掺些沙石，以能吞食又不致随粪便排出的颗粒大小为度。添加量应在 1% 左右，10 日龄前沙砾直径为 1~1.5mm，10 日龄后改为 2.5~3mm。每周喂量 4~5g。也可设沙砾槽，雏鹅可根据自己的需要觅食。

放牧鹅可不喂沙砾。

雏鹅生长很快，水盆、饮水器和食盆、食槽每隔 10 天就要更换。食槽的规格：7 日龄鹅为 90cm（长）×7cm（宽）×5cm（高），8～20 日龄为 90cm（长）×18cm（宽）×7cm（高）。雏鹅阶段如采用配合饲料进行饲养则效果更好。

（4）良好的放牧。放牧就是让雏鹅到大自然中去采食青草，饮水嬉水，运动与休息。通过放牧，可以促进雏鹅新陈代谢，增强体质，提高适应性和抵抗力。

雏鹅身上仅长有绒毛，对外界环境的适应性不强。雏鹅从舍饲转为放牧，是生活条件的一个重大改变，必须掌握好，循序渐进。雏鹅初次放牧的时间，可根据气候而定，最好是在外界与育雏温度接近、风和日丽时进行，通常热天是在出壳后3～7 天，冷天是在出壳后 10～20 天进行初次放牧。放牧前喂饲少量饲料后，将雏鹅缓慢赶到附近的草地上活动，让其采食青草约半小时，然后赶到清洁的浅水池塘中，任其自由下水几分钟，再赶上岸让其梳理绒毛，待毛干后赶回育雏室。

初次放牧以后，只要天气好，就要坚持每天放牧，并随日龄的增加而逐渐延长放牧时间，加大放牧距离，相应减少喂青料次数。为了争取放牧良好，要掌握牧鹅技术，要点如下。

①掌握指挥技巧。要鹅听从指挥，必须从小训练，关键在于让鹅群熟悉指挥信号和"语言信号"，选择好"头鹅"（带头的鹅）。如果用小红旗或彩棒作指挥信号，在雏鹅出壳时就应让其看到，以后在日常饲养管理中都用小红旗或彩棒来指挥，旗动鹅行，旗停鹅停，并与喂食、放牧、收牧、下水行为等逐步形成固定的"语言信号"，形成条件反射。头鹅身上要涂上红色标志，便于寻找。

放牧只要综合运用指挥信号和"语言信号"，充分发挥头鹅的作用，就能做到招之即来，挥之即去。

②选好放牧场地。雏鹅的放牧场地，要求近（离育雏室距离近）、平（道路平坦）、嫩（青草鲜嫩）、水（有水源，可以喝水、洗澡）、净（水草洁净，没有疫情和农药、废水、废渣、废气或其他有害物质污染）。最好不要在公路两旁和噪声较大的地方放牧，以免鹅群受惊吓。

③合理组织鹅群。放牧的鹅群以 300~500 只为宜，最多不要超过 600 只，由两位放牧员负责。同一鹅群的雏鹅，应该日龄相同，否则大的鹅跑得快，小的鹅走得慢，难以合群。鹅群太大不好控制，在小块放牧地上放牧常造成走在前面的鹅吃得饱，落在后面的鹅吃不饱，影响生长发育的均匀度。

④妥善安排放牧时间。雏鹅的放牧应该"迟放早收"。上午第一次放鹅的时间要晚一些，以草上的露水干了以后放牧为好，下午收鹅的时间要早一些。如果露水未干就放牧，雏鹅的绒毛会被露水沾湿，尤其是腿部和腹下部的绒毛湿后不易干燥，早晨气温又偏低，易使鹅受凉，引起腹泻或感冒。初期放牧每天 2 次，每次约半小时，上、下午各 1 次，以后逐渐增加次数，延长时间，到 20 日龄后，雏鹅已开始长大毛的毛管，即可全天放牧，只需夜晚补饲 1 次。

⑤加强放牧管理。放牧员要固定，不宜随便更换。放牧前要仔细观察鹅群，把病、弱鹅和精神不振的鹅留下，出牧时点清鹅数。放牧雏鹅要缓赶慢行，禁止大声吆喝和紧迫猛赶，防止惊鹅和跑场。阴雨天气应停止放牧。雨后要等泥地干到不粘脚时才能出牧。平时要注意听天气预报和看天气变化，避免鹅群受烈日暴晒和风吹雨淋。放牧时要观察鹅群动态，待大部分鹅吃饱后，让鹅下水活动，活动一段时间后赶上岸蹲地休息，休息到大部分雏鹅因饥饿而躁动时，再继续放牧，如此反复。所谓吃饱，是指鹅采食青草后，食道膨大部逐渐增大、突出，当发鼓发胀部位达到喉头下方时，即为一个饱。随着日龄的增

长，先要让鹅逐步达到放牧能吃饱，再往后争取达到 1 天多吃几个饱。雏鹅蹲地休息时，要定时驱动鹅群，以免睡着受凉。收牧时要让鹅群洗好澡，并点清鹅数，再返回育雏室。对没有吃饱的雏鹅，要及时给予补饲。

三、育雏效果的检测

检测育雏效果的标准，主要是育雏率、雏鹅的生长发育（活重、羽毛生长速度）。要求雏鹅在育雏期末成活率在 85% 以上（按品种、不同育雏方式、育种方案而定）。

活重是很重要的综合性技术指标，称重后应与各品种（品系、配套系）标准体重对照，要求均匀度也能在 80% 以上。如太湖鹅 1 月龄重应达 1.25kg，皖西白鹅应达 1.5kg，狮头鹅应达 2kg。

羽毛生长情况，如太湖鹅 1 月龄时应达"大翻白"（即全身胎毛由黄翻白），浙东白鹅应达"三白"（即两肩和尾部脱落了胎毛），雁鹅应达"长大毛"（即尾羽开始生长）。

四、转群及大雏的选择

通常雏鹅 30 日龄脱温后要转群，转群时结合进行大雏的选留。按照各品种（品系及配套系）的育种指标，进行个体的选择、称重、戴上肩号。淘汰不合格者，作为商品鹅所用。留种者转入中鹅（仔鹅）群继续培育。

大雏选择是在出壳雏鹅选择群体的基础上进行的，选择的重点，主要是看发育速度、体型外貌和品种特征。具体要求是，生长发育快，脱温体重大。大雏的脱温体重，应在同龄、同群平均体重以上，高出 1~2 个标准差，并符合品种发育的要求；体型结构良好。羽毛着生情况正常，符合品种或选育标准要求；体质健康、无疾病史的个体。淘汰那些脱温体重小、生长发育落后、羽毛着生慢以及体型结构不良的个体。

第四节　中鹅的饲养管理

中鹅，俗称仔鹅，又称生长鹅、青年鹅或育成鹅，是指从30日龄以上到选入种用或转入肥育时为止的鹅。在我国对于中小型品种而言，就是指30日龄以上至70日龄左右的鹅（品种之间有差异）；大型品种，如狮头鹅则是指30～90日龄的鹅。其后，留做种用的中鹅称为后备种鹅，不能作种用的转入育肥群，经短期育肥供食用，即所谓肉用仔鹅。中鹅阶段生长发育的好坏，与上市肉用仔鹅的体重、未来种鹅的质量有密切的关系。这个时期的饲养特点是以放牧为主、补饲为辅的饲养方式。充分利用放牧条件，加强锻炼，以培育出适应性强、耐粗饲、增重快的鹅群，为选留种鹅或转入育肥鹅打下良好基础。因此，中鹅的饲养管理也是重要的一环。

主要内容与雏鹅期相似，但不必像鹅雏时那么精细。中鹅管理的关键是抓好放牧。实践证明，放牧在草地和水面上的鹅群，由于经常处在新鲜空气环境中，不仅能采食到含维生素和蛋白质营养丰富的青绿饲料，而且还能得到充足阳光和达到足够的运动量，促进机体新陈代谢、体质健壮，增强鹅对外界环境的适应性和抵抗力。正如饲养者所说"鹅要壮，需勤放；鹅要好，放青草"。这充分说明放牧对促进中鹅生长发育的重要作用。为了使中鹅得到最快增重，在管理上应注意做好下列事项。

一、放牧场地的选择和合理利用

中鹅的放牧场地要有足够数量的青绿饲料，对草质要求可以比雏鹅的低些。一般来说，300只规模的鹅群需自然草地约

7hm² 或有人工草地约 3.5hm²。农区耕地内的野草、杂草以及草地，每亩可养鹅 1~2 只。有条件的可实行分区轮牧制，每天放 1 块草地，放牧间隔在 15 天以上，把草地的利用和保护结合起来。放牧场地中要包括一部分茬口田或有野草种子的草地，使鹅在放牧中能吃到一定数量的谷物类精料，防止能量不足。群众的经验是"夏放麦场，秋放稻场，冬放湖塘，春放草塘"。

二、中鹅的放牧管理

（1）放牧时间。放牧初期要控制时间，每天上下午各放一次，活动时间不要太长，如在放牧中发现仔鹅有怕冷的现象，应停止放牧。以后随日龄增大，逐渐延长放牧时间，直至整个上下午都在放牧，但中午要回棚休息 2h。鹅的采食高峰是在早晨和傍晚，早晨露水多，除小鹅时期不宜早放外，待腹部羽毛长成后，早晨尽量早放，傍晚天黑前，是又一个采食高峰，所以应尽可能将茂盛的草地留在傍晚时放。

（2）适时放水。放牧要与放水相结合，当放了一段时间，鹅吃到八九成饱后（此时有相当多鹅停下来采食时），就应及时放水，把鹅群赶到清洁的池塘中充分饮水和洗澡，每次约半小时，然后赶鹅上岸，抖水、理毛、休息。放水的池塘或河流的水质必须干净、无工业污染；塘边、河边要有一片空旷地。

（3）鹅群调教。鹅的合群性比鸭差，放牧前应进行调教，尤其要注意培训和调教"头鹅"，中鹅的调教方法同前述雏鹅。先将各个小群的鹅并在一起吃食，让它们互相认识、互相亲近，几天后再继续扩大群体，加强合群性。当群鹅在遇到意外情况时也不会惊叫走散后，开始在周围环境不复杂的地方放牧，让鹅群慢慢熟悉放牧路线。然后进行放牧速度的训练，按照空腹快、饱腹慢、草少快、草多慢的原则进行调教。

（4）放牧鹅群的大小。根据管理人员的经验与放牧场地而定，一般100~200只一群，由1人放牧；200~500只为一群的，可由两人放牧；若放牧场地开阔，水面较大，每群亦可扩大到500~1 000只，需要2~3个劳力管理。如果管理人员经验丰富，群体运量可以扩大。但不同年龄、不同品种的鹅要分群管理，以免在放牧中大欺小、强凌弱，影响个体发育和鹅群均匀度。

（5）放牧与点数方法。放牧方法有领牧与赶牧两种。小群放牧，1人管理用赶牧的方法；2人放牧时可采取一领一赶的方法；较大群体需3人放牧时，可采用两前一后或一前两后的方法，但前后要互相照应。遇到复杂的路段或横穿公路，应一人在前面将鹅群稳住，待后面的鹅跟上后，循序快速通过。

出牧与归牧要清点鹅数，通常利用牧鹅竿配合，每3只数，很快就数清，这也是群众的实际经验。

（6）采食观察与补饲。如放牧能吃饱喝足，可以不补饲料；如吃得不饱，或者当日最后一个"饱"未达到十成饱，或者肩、腿、背、腹正在脱落旧毛、长出新羽时，应该给予补饲。补饲量应视草情、鹅情而定，以满足需要为佳。补饲时间通常安排在中午或傍晚。刚由雏鹅转为中鹅时，可继续适当补饲，但应随时间的延长，逐步减少补饲量。白天补料可在牧地上进行，这可减少鹅群往返而避免劳累。为了使鹅群在牧地上多吃青草，白天补料时不喂青料，只给精料。喂料时，要认真观察中鹅的采食动作如食管的充容度，这能及时了解病鹅。凡健康、食欲旺盛者，表现为动作敏捷，抢着吃，不挑剔；一边采食，一边摆脖子下咽，食管迅速膨大增粗，并往右移，嘴呷不停地往下点，民间称之为"压食"。凡食欲不振者，表现为采食时抬头，东张西望，嘴呷含着料，不愿下咽，有的嘴角带着几片菜叶，头不停地甩或动作迟钝，或站在旁边不动，有此情形者疑为有病，必须立即将其抓出，进行检查并隔离饲养。

40 日龄以后，随着鹅体的长大，食盆大小可改为：直径 45~60cm，深 12~20cm，槽边距地面 15~35cm。

（7）放牧注意事项。

①防惊群。青年鹅胆小、敏感，途中遇有意外情况，易受惊吓，如汽车路过时高音喇叭的突然刺激常会引起惊群逃跑，管理人员服装、工具的改变，以及平常放牧时手持竹竿随鹅行动，倘遇雨天时若打起雨伞，均会使鹅群不敢接近，甚至离散逃跑。这些意外的刺激，都要事前预防。

②防中暑。暑天放牧，应在早晚多放，中午多休息，将鹅群赶到树荫下纳凉，不可在烈日下暴晒。无论白天或晚上，当鹅群有鸣叫不安的表现时，应及时放水，防止闷热引起中暑。

③防中毒和传染病。对于放牧路线，管理人员要提前几天进行勘察，凡发生过传染病的疫区、凡用过农药的牧地，绝不可牧鹅。要尽量避开堆积垃圾粪便之处，严防鹅吃到死鱼、死鼠及其他腐败变质食物。

④防"跑伤"。放牧要逐步锻炼，路线由近渐远，慢慢增加，途中要有走有歇，不可蛮赶。每天放牧距离要大致相等，以免累伤鹅群。高低不平的路尽量不走，通过狭窄的路面时，速度尽量放慢、不使挤压致伤。特别在上下水时，坡度太大，或甬道太窄，或有树桩乱石，由于鹅飞跃冲撞，极易受伤。已经受伤的鹅必须将它圈起来养伤，伤愈前绝对不能再放。此外，还应注意防丢失和防兽害。

三、做好转群和出栏工作

通过中鹅阶段认真的放牧和饲养管理工作，充分利用放牧草地和田间遗谷粒穗，在较少的补饲条件下，中鹅可以有比较好的生长发育，一般长至 70~80 日龄时，就可以达到选留后备种鹅的体重要求。此时应及时进行后备种鹅的选留工作，选留的合格后备种鹅可转入后备种鹅群，继续进行培育；不符合种用条件的仔鹅和体质瘦弱的仔鹅，可及时转入育肥群，进行肉用仔鹅育肥。达到出栏标准体重的仔鹅可及时上市出售。

此期的中鹅羽毛生长已丰满，主翼羽在背部要相交，在开始脱羽毛时进行选种工作。种鹅场一般是在大雏选留群体的基础上结合称重选留公、母种鹅。一般是把品种特征典型、体质结实、生长发育快、羽绒发育好的个体留作种用。公、母鹅的基本要求是：后备种公鹅要求体型大，体质结实，各部结构发育匀称，肥度适中，头大适中，两眼有神，喙正常无畸形，颈粗而稍长（作为生产肥肝的品种，颈应粗而短），胸深而宽，背宽长，腹部平整，脚粗壮有力、长短适中、距离宽，行动灵活，叫声响亮。选留公鹅数要比按配种的公母比例要求多留20%~30%作为后备。后备母鹅要求体重大，头大小适中，眼睛灵活，颈细长，体型长而圆，前躯浅窄，后躯宽深，臀部宽广。

第五节　肉用仔鹅的饲养管理

中鹅饲养到 70 日龄左右，虽然体重因品种不同而有差异，但都有一定的膘度，小型太湖鹅和豁眼鹅体重可达 2kg 左右，皖西白鹅 3kg 左右，埃姆登鹅 3.7kg 左右，基本上都可上市。但从经济角度考虑，体重仍偏小，肥度还不够，肉质含有一定的草腥味。为了进一步提高产鹅肉质量和屠宰体况，应采用投给丰富能量饲料，短时间快速育肥法，肥育的时间以半个月至1 个月为宜。经过短期育肥后，仔鹅膘肥肉嫩，胸肌丰厚，味道鲜美，屠宰率高，可食部分比例增大。因而，经过肥育后的鹅更受消费者的欢迎，产品畅销，同时增加饲养户的经济收益。由于肥育仔鹅饲养管理的状况，直接影响上市肉用仔鹅的体重、膘度、屠宰率、饲料报酬以及养鹅的生产效益和经济效益，因此，对于肉用仔鹅来说，早期的育雏和后期的育肥，具有同样的重要作用。

一、育肥方法

肥育的鹅群确定后，移至新的鹅舍，这是一种新环境应激，鹅会感到不习惯，有不安表现，采食减少。肥育前应有肥育过渡期，或称预备期，逐渐适应即将开始的肥育饲养，一般为1周左右。采用的肥育方法有放牧加补饲育肥法和圈养限制运动育肥法。

（1）放牧加补饲育肥法。实验证明放牧加补饲是最经济的育肥方法。放牧育肥俗称"骟茬子"，根据肥育季节的不同，进行道野草籽、麦茬地、稻田地，采食收割时遗留在田里的粒穗，边放牧边休息，定时饮水。放牧骟茬育肥是我国民间广泛采用的一种最经济的育肥方法，5月鹅9月肥，即可上市。如果白天吃得很饱，晚上或夜间可不必补饲精料。如果肥育的季节赶到秋前（籽粒没成熟）或秋后（骟茬子季节已过），放牧时鹅只能吃青草或秋黄死的野草，那么晚上和夜间必须补饲精料，能吃多少喂多少，吃饱的鹅颈的右侧又出现一假颈（嗉囊膨起），吃饱的鹅有厌食动作，摆脖子下咽，嘴角不停地往下点。补饲必须用全价配合饲料，或压制成颗粒料，可减少饲料浪费。补饲的鹅必须饮足水。尤其是夜间不能停水。

（2）圈养限制运动育肥法。将鹅群用围栏圈起来，每平方米5~6只，要求栏舍干燥，通风良好，光线暗，环境安静，每天进食3~5次，从5~22时。育肥期20天左右，鹅增重迅速，为30%~40%。这种肥育方法不如放牧育肥广泛，饲养成本较放牧肥育高，但符合大规模养鹅的发展趋势。这种方法生产效率较高，育肥的均匀度比较好，在放牧条件较差的地区或季节，最适于集约化批量饲养。常用方法有两种：填饲育肥法和自由采食育肥法。

①填饲育肥法。采用填鸭式肥育技术，俗称"填鹅"，即在短期强制性地让鹅采食大量的富含碳水化合物的饲料，促进育肥。此法育肥增重速度最快，只要经过 10 天左右就可达到鹅体脂肪迅速增多，肉嫩味美的效果。如可按玉米、碎米、甘薯面 60%，米糠、麸皮 30%，豆饼（粕）粉 8%，生长素 1%，食盐 1%配成全价混合饲料，加水拌成糊状，用特制的填饲机填饲。具体操作方法是：由两人完成，一人抓鹅，另一人握鹅头，左手撑开鹅嘴，右手将胶皮管插入鹅食道内，脚踏压食开关，一次性注满食道，一只一只慢慢进行。如没有填饲机，可将混合料制成 1~1.5cm 粗、长 6cm 左右的食条，待阴干后，用人工一次性填入食道中，效果也很好，但费人力，适于小批量肥育。其操作方法是填饲人员坐在凳子上，用膝关节和大腿夹住鹅身，背朝人，左手把嘴撑开，右手拿食条，先蘸一下水，用食指将食条填入食道内，每填一次用手顺着食道轻轻地向下推压，协助食条下移，每次填 3~4 条，以后增加直至填饱为限。开始 3 天内，不宜填得太饱，每天填 3 次或 4 次。以后要填饱，每天填 5 次，从 6~22 时，平均每 4h 填 1 次。填后供足饮水。每天傍晚应放水 1 次，时间约半小时，将鹅群赶到水塘内，可促进新陈代谢，有利消化，清洁羽毛，防止生虱和其他皮肤病。

每天清理圈舍 1 次，如使用褥草垫栏，则每天要用干草对换，湿垫料晒干、去污后仍可使用。若用土垫，每天须添加新干土，7 天要彻底清除 1 次，堆积起来发酵，不但可防止环境污染，而且可提高肥效。

②自由采食育肥法。有栅上育肥和地平面加垫料育肥2种方式，均用竹竿或木条隔成小区，食槽和水槽设在围栏外，鹅伸出头来自由采食和饮水。我国广东省和华南一带多用围栏栅上育肥，距地面60~70cm高处搭起栅架，栅条距3~4cm，鹅粪可通过栅条间隙漏到地面上，鹅在栅面上可保持干燥，清洁的环境有利于鹅的肥育。育肥结束后一次性清粪。有的鹅场将板条直接架设在水面上，利用鹅粪直接喂鱼，使鹅粪得以综合利用。在东北地区，因没有竹条，多采用地面加垫料，用木条围成围栏，鹅在围栏内活动，伸头至围栏外采食和饮水，每天都要清理垫料或加新垫料，劳动强度相对大，卫生较差，但投资少，肥育效果也很好。采用自由采食育肥，可先喂青料50%，后喂精料50%，也可精青料混合饲喂。在饲养过程中要注意鹅粪的变化，当逐渐变黑，粪条变细而结实，说明肠管和肠系膜开始沉积脂肪，应改为先喂精料80%，后喂青料20%，逐渐减少青粗饲料的添加量，促进其增膘，缩短肥育时间，提高育肥效益。

二、肥育标准

经肥育的仔鹅，体躯呈方形，羽毛丰满，整齐光亮，后腹下垂，胸肌丰满，颈粗圆形，粪便发黑，细而结实。根据翼下体躯两侧的皮下脂肪，可把肥育膘情分为3个等级：一是上等肥度鹅。皮下摸到较大结实、富有弹性的脂肪块，遍体皮下脂肪增厚，尾椎部丰满，胸肌饱满突出胸骨嵴，羽根呈透明状。二是中等肥度鹅。皮下摸到板栗大小的稀松小团块。三是下等肥度鹅。皮下脂肪增厚，皮肤可以滑动。当育肥鹅达到上等肥度即可上市出售。肥度都达中等以上，体重和肥度整齐均匀，说明肥育成绩优秀。

第六节 后备种鹅的饲养管理

后备种鹅是指 70~80 日龄，经过选种留作种用的公、母鹅。鹅种达到性成熟时间较长（小型鹅 180 天左右，大型鹅 260 天左右），鹅体各部位、各器官，仍处于发育完善阶段。在种鹅的后备饲养阶段，要以放牧为主、补饲为辅，并适当限制营养；饲养管理的重点是对种鹅进行限制性饲养，其目的在于控制体重，防止体重过大过肥，使其具有适合产蛋的体况；机体各方面完全发育成熟，适时开产；训练其耐粗饲的能力，育成有较强的体质和良好的生产性能的种鹅；延长种鹅的有效利用期，节省饲料；降低成本，达到提高饲养种鹅经济效益的目的。

一、后备期种鹅的分段限制饲养

依据后备期种鹅生长发育的特点，将后备期分为生长阶段、公母分饲及控料阶段和恢复饲养阶段。应根据每个阶段的特点，采取相应的饲养管理措施，进行限制饲养，以提高鹅的种用价值。

（1）生长阶段。此阶段为 70~100 日龄，晚熟品种要到 120 日龄。这个阶段的后备种鹅仍处于较快的生长发育时期，而且还要经过幼羽更换成青年羽的第二次换羽时期。该阶段需要较多的营养物质，如太湖鹅每日仍需补饲 150g 左右精料，不宜过早进行粗放饲养，应根据放牧场地草质的好坏，逐渐减少补饲的次数，并逐步降低补饲日粮的营养水平，使青年鹅机体得到充分发育，以便顺利地进入公母分饲及控料饲养阶段。此阶段若采取全舍饲并饲喂全价配合饲料，日粮营养水平为：代谢能 10.5~11.0MJ/kg，粗蛋白 14%~15%。

（2）公母分饲及控料饲养阶段。此阶段一般从 100～120 日龄开始至开产前 50～60 天结束。后备种鹅经二次换羽后，如供给足够的饲料，经 50～60 天便可开始产蛋。但此时由于种鹅的生长发育尚不完全，个体间生长发育不整齐，开产时间参差不齐，导致饲养管理十分不方便。加上早产的蛋较小，达不到种用标准，种蛋的受精率也较低，母鹅产小蛋的时间较长，会严重影响种鹅的饲养效益。

公母鹅的生理特点不同，生长差异较大，混饲会影响鹅群的正常生长发育；还会发生早熟鹅的滥交乱配现象。因此，这一阶段应对种鹅进行公母分饲、控制饲养，使之适时达到开产日龄，比较整齐一致地进入产蛋期。

后备种鹅的控制饲养方法主要有两种：一种是减少补饲日粮的饲喂量，实行定量饲喂；另一种是控制饲料的质量，降低日粮的营养水平。鹅以放牧为主，故大多数采用后者，但一定要根据放牧条件、季节以及鹅的体质，灵活掌握精青饲料配比和喂料量，既能维持鹅的正常体质，又能降低种鹅的饲养费用。

在控料阶段应逐步降低日粮的营养水平，必须限制精料的饲喂量，强化放牧。精料由喂 3 次改为 2 次，当地牧草茂盛时则补喂一次，甚至逐渐停止补饲，使母鹅体重增加缓慢，消化系统得到充分发育，同时换生新羽，生殖系统也逐步完全发育成熟。精料用量可比生长阶段减少 50%～60%。饲料中可添加较多的填充粗料（如米糠、曲酒糟等），目的是锻炼鹅的消化能力，扩大食道容量。后备种鹅经控料阶段前期的饲养锻炼，放牧采食青草的能力强，在草质良好的牧地，可不喂或少喂精料。在放牧条件较差的情况下每日喂料 2 次，喂料时间在中午和 21 时左右。

控制饲养阶段，无论给食次数多少，补料时间应在放牧前

2h左右，以防止鹅因放牧前饱食而不采食青草；或在放牧后2h补饲，以免养成收牧后有精料采食，便急于回巢而不大量采食青草的坏习惯。

若因条件限制而采用舍饲方式时，最好给后备种鹅饲喂配合饲料。日粮营养水平为：代谢能10.0~10.5MJ/kg，粗蛋白12%~14%。

（3）恢复饲养阶段。经控制饲养的种鹅，应在开产前60天左右进入恢复饲养阶段。此时种鹅的体质较弱，应逐步提高补饲日粮的营养水平，并增加喂料量和饲喂次数。日粮代谢能为11.0~11.5MJ/kg，蛋白质水平控制在15%~17%为宜。舍饲的鹅群还应注意日粮中营养物质的平衡。这时的补饲，只定时，但不定料、不定量，做到饲料多样化，青饲料充足，增加日粮中钙含量，经20天左右的饲养，使种鹅的体质得以迅速恢复，种鹅的体重可恢复到控制饲养前期的水平，促进生殖器官完全发育成熟，并为产蛋积累营养物质。

此阶段种鹅开始陆续换羽，为了使种鹅换羽整齐和缩短换羽时间，节约饲料，可在种鹅体重恢复后进行人工强制换羽，即人为地拔除主翼羽和副主翼羽。拔羽后应加强饲养，适当增加喂料量。后备公鹅的精料补饲应提早进行，公鹅人工拔羽可比母鹅早2周左右开始，促进其提早换羽，以便在母鹅开产前已有充沛的体力、旺盛的食欲。开产前人工强制换羽，可使后备种鹅能整齐一致地进入产蛋期。

在后备期一般只利用自然光照，如在下半年，由于日照短，恢复生长阶段要开始人工补充光照时间。通过6周左右的时间，逐渐增加光照总时数，使之在开产时达到每天16~17h。

后备种鹅饲养后期，如果养的是种鹅而非一般蛋用鹅，此时应将公鹅放入母鹅群中，使之相互熟识亲近，以提高受精率。放牧鹅群仍要加强放牧，但鹅群即将进入产蛋，体大，行动迟缓，故而放牧时不可急赶久赶；放牧距离应渐渐缩短。

二、后备种鹅的管理要点

（1）放牧管理。后备种鹅阶段主要以放牧为主，舍饲为辅。放牧管理工作的成败，对后备种鹅培育至关重要，主要注意做好以下工作。

①牧地选择与利用。牧地应选择水草丰盛的草滩、湖畔、河滩、丘陵以及收割后的稻田、麦地等。牧地附近有湖泊、溪河或池塘，供鹅饮水或游泳。人工栽培草地附近同样必须有供饮水和游泳的水源。放牧前，先调查牧地附近是否喷洒过有毒药物，否则，必须经 1 周以后，或下大雨后才能放牧。为保护草源，保证牧地的载畜量与牧草正常再生，必须推行有计划地轮放。一般要求每天转移草场，实行 7 天一循环的轮牧制度。

后备种鹅对饥饿极为敏感。后备鹅放牧期间补饲量很少，有时夜间已停止补饲，为防止饥饿，除延长放牧时间外，可将最好的牧草地和苕子田留在傍晚时采食。

②放牧方法。后备种鹅羽毛已丰满，有较强的耐雨抗寒能力，可实行全天放牧。一般每天放牧 9h。采取"两头黑"，要早出晚归。清晨 5 时出牧，10 时回棚休息，15 时出牧，晚至 19 时归牧休息，力争吃到 4~5 个饱（上午 2 个饱，下午 3 个饱）。应在下午就找好次日的牧地，每日最好不走回头路，使鹅群吃饱吃好。

③注意防暑。在炎夏天气，鹅群在棚内烦躁不安，应及时放水，必要时可使鹅群在河畔过夜，日间要提供清凉饮水，以防过热或中暑。

放牧时宜早出晚归，避开中午酷暑。早上天微亮就应出牧，10 时左右将鹅群赶回圈舍，或赶到阴凉的树林下让鹅休息，到 15 时左右再继续放牧，待日落后收牧。休息的场地最好有水源，以便于饮水、戏水、洗浴。

④鹅群管理。一般以 250~300 只后备鹅为一群，由 2 人管理。如牧地开阔，草源丰盛，水源良好而充足，可组成 1 000只一群，由 4 人协同管理。放牧前与收牧时都应及时清点，如有丢失应及时追寻。如遇混群，可按编群标记追回。

后备种鹅是从中鹅群中挑选出来的优良个体，有的甚至是从上市的肉用仔鹅当中选留下来的，往往不是来自同一鹅群，把它们合并成后备种鹅的新群后，由于彼此不熟悉，常常不合群，甚至有"欺生"现象，必须先通过调教让它们合群。这是后备种鹅生产初期，管理上的一个重点。

在牧地小，草料丰盛处，鹅群应赶得拢些，使鹅充分采食。如牧地较大，草又欠丰盛处，可驱散鹅群，使之充分自由采食。后备鹅胆小，要防其他畜禽接近鹅群。阴雨天放牧时饲养员宜穿雨衣或雨披，因为雨伞易使鹅群骚动，驱赶时动作要缓和并发出平时的调教声音，过马路时要防止汽车喇叭声的惊扰而引起惊群。

随时观察鹅群的精神状态、采食情况等，发现弱鹅、伤残鹅等要及时剔除，进行单独的饲喂和护理。病鹅往往表现出行动呆滞，两翅下垂，食草没劲，两脚无力，体重轻，放牧时落在鹅群后面，严重者卧地不起。对于个别弱鹅应停止放牧，进行特别管理，可喂以质量较好且容易消化的饲料，到完全恢复后再放牧。

⑤注意放水。每吃"1 个饱"后，鹅群便会停止采食，此时应行放水。水塘应经常更换水，防止过度污染。每次放水约半小时，再上岸理毛休息 30~60min，再继续放牧。天热时应每隔半小时放水一次，否则影响采食和健康。严格注意水源的水质。

（2）补料。育成鹅的主要饲养方式是放牧，既节省饲料，又可防止过肥和早熟，但在牧草地草质差，数量少时，或气候恶劣不宜放牧时，为确保鹅群健康，必须及时补料，一般多于夜间进行。传统饲喂法多补饲瘪谷，有的补充米糠或草粉颗粒饲料，现在多数是根据体重情况补饲配合饲料或颗粒饲料，种鹅后备期喂料量的确定是以种鹅的体重为基础。

鉴于品种不同，其后备期营养需要也不同，较难掌握限饲或补料的合理程度，补料过多或过少，或与青料比例不合适，常导致消化不良，其粪便颜色、粗细、松紧度也起变化。如鹅粪粗大而松散，用脚可轻拨为几段，则表明精料与青料比例适当。若鹅粪细小、结实、断截成粒状，说明精料过多、青料太少。若粪便色浅且较难成型，排出即散开，说明补饲的精料太少，营养不足，应适当增加精料用量。

（3）清洁与防疫卫生。注意鹅舍的清洁卫生和饲料新鲜度，及时更换垫料，保持垫草和舍内干燥。喂食及饮水用具及时清洗消毒。在恢复生长阶段应及时接种有关疫苗，主要有小鹅瘟、鸭瘟、禽流感、禽出败、大肠杆菌疫苗；并注意在整个后备阶段搞好传染病和肠胃病的防治，定期进行防虫驱虫工作。

（4）成年种鹅的选择。成年种鹅的选择是提高种鹅质量的一个重要生产环节，在后备期结束，转入种鹅生产阶段时应对后备种鹅进行复选和定群，选留组成合格的成年种鹅。把体重外貌符合品种特征或选育标准要求、体质健壮、体型结构良好、生长发育充分的后备鹅留作种鹅用，淘汰那些体型不正常，体质弱，健康状况差，羽毛混杂（白鹅决不能有异色杂毛），肉瘤、喙、跖、蹼颜色不符合品种要求（或选育指标）的个体，以提高饲养种鹅的经济效益。特别是对公鹅的选留，要进一步检查性器官的发育情况。严格淘汰阴茎发育不良、阳痿和有病的公鹅，选留阴茎发育良好、性欲旺盛、精液品质优良的公鹅作种用。

（5）鉴别临产母鹅。可从鹅的体态、食欲、配种表现和羽毛变化情况进行识别，临产母鹅全身羽毛紧贴，光泽鲜明，尤其颈羽显得光滑紧凑，尾羽与背羽平伸，腹下及肛门附近羽毛平整。临产母鹅体态丰满、行动迟缓、两眼微凸，头部额瘤发黄，尾部平伸舒展，后腹下垂，腹部饱满松软而有弹性，耻骨间距已开张有 3~4 指宽，鸣声急促、低沉。肛门平整呈菊花状，临产前 7 天，其肛门附近异常污秽。临产母鹅表现食欲旺盛，喜采食青饲料和贝壳类矿物质饲料。从配种方面观察，临产母鹅主动寻求接近公鹅，下水时频频上下点头，要求交配，母鹅间有时也会相互爬踏，并有衔草做窝现象，说明临近产蛋期。

第七节　种鹅的饲养管理

种鹅饲养管理的目的，在于不断提高种鹅的繁殖性能，繁殖高产、健壮的后代，为养鹅业提供生产性能高、体质健壮的雏鹅。所谓种鹅，是指母鹅开始产蛋、公鹅开始配种，用以繁殖后代的鹅。为了提高产蛋量和受精率，在后备种鹅转为种鹅时，要再进行一次严格的挑选，剔除和淘汰少数发育不良、体质瘦弱和配种能力不强的个体，并按照一定的公、母比例，留足种公鹅。挑选种公鹅时，除根据其祖先情况、本身的外貌体型、生长发育情况外，最主要的是检查其阴茎发育是否正常，性欲是否旺盛，精液品质是否优良。最好用人工采精的方法来鉴别后备公鹅，凡是优良的才转入种公鹅群。种母鹅的选择，重点要放在与产蛋性能有关的特征和特性上。

种鹅的特点是，生长发育已经大体完成，对各种饲料的消化能力已很强，第二次换羽也已完成，生殖器官发育成熟并进行繁殖。这一阶段，能量和养分的消耗主要在繁殖上，因此饲养管理必须与产蛋或配种相适应。

按产蛋情况一般将种鹅的饲养管理分为 3 期，即产蛋准备期、产蛋期和休产期。实际上，后备种鹅的后期，就是种鹅的产蛋准备期，其饲养管理已在上面做了介绍，这里仅介绍产蛋期和休产期母鹅的饲养管理、公鹅的饲养管理。

一、产蛋期母鹅的饲养管理

（1）开产母鹅的识别。母鹅经过产蛋前期的饲养，换羽完毕，体重逐渐恢复，陆续转入产蛋期，临产前母鹅表现为羽毛紧凑、有光泽，尾羽平直，肛门呈菊花状，腹部饱满，松软而有弹性，耻骨间距离增宽，采食量增大，喜食矿物质饲料，母鹅有经常点头寻求配种的姿态，母鹅之间互相爬踏。开产母鹅有衔草做窝现象，说明即将开始产蛋。

（2）产蛋期母鹅的饲养方式。产蛋期种鹅的饲养方式有放牧加补饲，或半舍饲。前者虽较粗放，但饲养成本较低，种鹅专业户大多采用此法，且可因地制宜，充分利用自然条件；半舍饲多为孵坊自设种鹅场，由于缺少放牧条件，多在依靠湖泊、河流处搭建鹅棚、陆上运动场和水上运动场，进行人工全程控制饲养工艺，集约化程度较高，饲养效率和生产水平亦高，大多采用较科学规范的饲养技术。南方饲养的鹅种，一般每只母鹅产蛋 30~40 枚，高产者达 50~80 枚；而北方饲养的鹅种，一般每只母鹅产蛋 70~80 枚，高产者达 100 枚以上。为发挥母鹅的产蛋潜力，必须实行科学饲养，满足产蛋母鹅的营养需要，提高母鹅的产蛋率。

（3）产蛋母鹅的营养需要及配合饲料。种鹅由于连续产蛋和繁殖后代，需要消耗较多的营养物质，尤其是能量、蛋白质、钙、磷等。如果营养供给不足或养分不平衡，就会造成蛋重减少、产蛋量下降、种鹅体况消瘦，最终停产换羽，因此要充分考虑母鹅产蛋所需的营养。营养是决定母鹅产蛋率高低的重要因素。在产蛋鹅的日粮上，由于我国养鹅以粗放饲养为主，南方多以放牧为主，舍饲日粮仅仅是一种补充，所以我国鹅的饲养标准至今尚未制定。目前各地对产蛋鹅的日粮配合及喂量，主要是根据当地的饲料资源和鹅在各生长、生产阶段营养要求因地制宜自行拟定的，这也是养鹅业起步晚、发展慢的一个重要原因。

在以舍饲为主的条件下，建议产蛋母鹅日粮营养水平为：代谢能 10.88~12.13MJ/kg，粗蛋白 14%~16%，粗纤维 5%~8%（不高于 10%），赖氨酸 0.8%，蛋氨酸 0.35%，胱氨酸 0.27%，钙 2.25%，磷 0.65%，食盐 0.5%。以下配方可供配制产蛋期母鹅日粮时参考应用。

配方一：玉米 52%，优质青干草粉 19%，豆饼 10%，花生饼 5%，棉仁饼 3%，芝麻粕 5%，骨粉 1.5%，贝壳粉 4.0%，食盐 0.5%。其营养成分为：代谢能 10.88MJ/kg，粗蛋白 15.96%，钙 1.21%，磷 0.59%，赖氨酸 0.69%，蛋氨酸+胱氨酸 0.56%。

配方二：玉米 33%，麸皮 25%，豆饼 11%，稻糠 24%，鱼粉 3%，骨粉 1%，贝壳粉 2%，食盐 0.3%，微量元素和维生素 0.7%。其营养成分为：代谢能 11.38MJ/kg，粗蛋白 16%，钙 2%，有效磷 1%。

产蛋母鹅要喂饲适量的青绿多汁饲料。国内外的养鹅生产实践和试验都证明，母鹅饲喂青绿多汁饲料对提高母鹅的繁殖性能有良好影响。另外，产蛋母鹅日粮中搭配适量的优质干草粉，也可以提高母鹅的繁殖性能。产蛋鹅舍应单独设置一个矿物质饲料盘，任其自由采食，以补充钙质的需要。

种鹅产蛋和代谢需要大量的水分，所以对产蛋鹅应给足饮水，经常保持舍内有清洁的饮水。产蛋鹅夜间饮水与白天一样多，所以夜间也要给足饮水，满足鹅体对水分的需求。我国北方早春气候寒冷，水容易结冰，产蛋母鹅饮用冰水对产蛋有影响，应给予 12℃ 的温水，并在夜间换一次温水，防止饮水结冰。

（4）饲养方法。舍饲的产蛋母鹅饲喂方法，在我国农村的大多数家庭养鹅和专业养鹅户，通常采用定时不定量，自由采食的喂饲法。要求饲料多样化，谷实类与粗糠的比例为 2∶1，每天晚上要多加些精料。大型鹅每只每天喂精料（谷实类）0.2~0.25kg，小型鹅为 0.15~0.2kg。饲喂时，先喂青料，后喂精料，然后休息。第一次在 5~7 时开始喂混合料，然后喂青饲料；第二次在 10~11 时；第三次在 17~18 时。在产蛋高峰时，保证鹅吃好吃饱，供给充足、清洁的饮水。在产蛋后期，更要精心饲养，保证产蛋的营养需要，稍有疏忽，易造成产蛋停止而开始换羽。因此，可增加喂饲次数，加喂 1 次或 2 次夜食，或任产蛋母鹅自由采食。

产蛋母鹅要喂饲适量的青绿多汁饲料。国内外的养鹅生产实践和试验都证明，母鹅饲喂青绿多汁饲料对提高母鹅的繁殖性能有良好影响。另外，产蛋母鹅日粮中搭配适量的优质干草粉，也可以提高母鹅的繁殖性能。

二、停产期母鹅的饲养管理

鹅的产蛋期（包括就巢期）在一年之中不足 2/3，7~8 个月，还有 4~5 个月都是休产期。母鹅每年的产蛋期，除品种差异外，还受到各地区地理气候的影响。我国南方地区多在冬、春两季，北方则在 2—6 月。当母鹅产蛋逐渐减少，每天产蛋时间推迟，小蛋、畸形蛋增多，大部分母鹅的羽毛干枯，公鹅配种能力差，种蛋受精率低，种鹅便进入持续时间较长的休产期。在此期间几乎全群停产，鹅只消耗饲料，没有经济收入，管理上应以放牧为主，停喂精料，任其自由采食野草。为了在下一个产蛋季能提前产蛋和开产时间能较一致，在休产期对选留种鹅应进行人工强制换羽。

（1）休产期种鹅的饲养管理。进入休产期的种鹅应以放牧为主，日粮由精改粗，促其消耗体内脂肪，促使羽毛干枯和脱落。饲喂次数逐渐减少到每天一次或隔天一次，然后改为3~4天喂一次，但不能断水。经过12~13天，鹅体重大幅度下降，当主翼羽和主尾羽出现干枯现象时，可恢复正常喂料。待体重逐渐回升，放养一个月后，即可进行人工强制换羽。公鹅应比母鹅早20~30天强制换羽，务使在配种前羽毛全部脱换好，可保证种公鹅配种能力。人工强制换羽可使母鹅比自然换羽提前20~30天开产。

拔羽后应加强放牧，同时酌情补料。如公鹅羽毛生长缓慢，而母鹅已开产，公鹅未能配种，就应对公鹅增喂精料；如母鹅到时仍未开产，同样应增喂精料。在主、副翼羽换齐后，即进入产蛋前的饲养管理。

（2）休产期种鹅的选留。要使鹅群保持旺盛的生产能力，应在种鹅休产期进行种鹅的选择和淘汰工作，淘汰老弱病残者，同时每年按比例补充新的后备种鹅，新组配的鹅群必须按公母比例同时更换公鹅。一般停产母鹅耻骨间距变窄，腹部不再柔软。

若用左手抓住母鹅两翼基部，手臂夹住头颈部，再用右手掌在其腹部顺着羽毛生长方向，用力向前摩擦数次，如有毛片脱落者，即为停产母鹅。产蛋结束后，可根据母鹅的开产期、产蛋性能、蛋重、受精率和就巢情况选留。有个体记录的还可以根据后代生产性能和成活率、生长速度、毛色分离等情况进行鉴定选留。种鹅的利用年限一般为3年或3年半。

(3) 人工强制换羽。产蛋鹅经过春季旺产之后，在夏季常出现停产换羽。鹅群自然停产换羽的起止时间不一，如不采取措施，不仅全年产蛋量减少，也影响孵化育雏。人工强制换羽可缩短自然休产期，加速换羽过程，使鹅群换羽整齐，提前恢复开产，提高年产蛋量，并可增加耐粗饲、耐寒的能力。在自然条件下，母鹅从开始脱羽到新羽长齐需较长的时间，换羽有早有迟，其后的产蛋也有先有后。为了缩短换羽的时间，换羽后产蛋比较整齐，可采用人工强制换羽。

人工强制换羽是通过改变种鹅的饲养管理条件，促使其换羽。换羽之前，首先清理淘汰产蛋性能低、体型较小、有伤残的母鹅以及多余的公鹅，停止人工光照，停料2~3天，但要保证充足的饮水；第4天开始喂给由青料加糠麸、糟渣等组成的青粗饲料，第12~13天试拔主翼羽和副主翼羽，如果试拔不费劲，羽根干枯，可逐根拔除。否则应隔3~5天后再拔一次，最后拔掉主尾羽。拔羽以后，立即喂给青饲料，并慢慢增喂精料，加强饲养管理，促使其恢复体质，提早产蛋。具体方法是：当年产蛋率明显下降时，将公、母鹅分群饲养或放牧，逐日将精料减少为1次或隔天1次，只给饮水，使鹅群缺乏营养，身体消瘦，体重下降，经过10余天，主翼羽与主尾羽出现干枯现象，羽毛则可自行脱换。

拔羽多在温暖晴天的黄昏进行，切忌在寒冷的雨天操作。对拔羽后的鹅要加强饲养管理，拔羽后，当天鹅群应圈养在运动场内喂料、喂水，不能让鹅群下水，防止细菌感染，引起毛孔发炎。5~7天后可以恢复放牧。拔羽以后，立即喂给青饲料，并慢慢增喂精料，促使其恢复体质，提早产蛋。拔羽后除加强放牧外，必须根据公、母鹅羽毛生长情况酌情补料，如果公鹅羽毛生长较慢，母鹅已产蛋，而公鹅尚未能配种，就会影响种蛋的受精率，这时应给公鹅增加精饲料的喂量。反之，若母鹅的羽毛生长慢，就要给母鹅适当增加精饲料的喂量，促使羽毛生长快些。否则，在母鹅尚未产蛋时，公鹅就开始配种；到产蛋后期，公鹅已筋疲力尽，影响配种，降低种蛋的受精率。拔羽后一段时间内因其适应性较差，应防止雨淋和烈日暴晒。

在整个强制换羽期内，公、母鹅要分群饲养管理，以免公鹅骚扰母鹅和削弱公鹅的精力。公鹅比母鹅要早 1 个月拔羽，并应提早喂精料，以适应新的繁殖季节。在换羽期内，应该加强饲养管理，注意观察，避免死亡。拔羽的母鹅可以比自然换羽的母鹅提早 20~30 天产蛋，而且恢复产蛋的时间较一致。

三、种公鹅的饲养管理

种公鹅的营养水平和身体健康状况，公鹅的争斗、换羽，部分公鹅中存在的选择性配种习性，都会影响种蛋的受精率。因此，加强种公鹅的饲养管理对提高种鹅的繁殖力有至关重要的作用。

（1）种公鹅的营养与饲喂。在种鹅群的饲养过程中，始终应注意种公鹅的日粮营养水平和公鹅的体重与健康情况。在鹅群的繁殖期，公鹅由于多次与母鹅交配，排出大量精液，体力消耗很大，体重有时明显下降，从而影响种蛋的受精率和孵化率。为了保持种公鹅有良好的配种体况，种公鹅的饲养，除了和母鹅群一起采食外，从组群开始后，对种公鹅应进行补饲配合饲料。配合饲料中应含有动物性蛋白饲料，有利于提高公鹅的精液品质。补喂的方法，一般是在一个固定时间，将母鹅赶到运动场，把公鹅留在舍内，补喂饲料任其自由采食。这样，经过一定时间（1 天左右），公鹅就习惯于自行留在舍内，等候补喂饲料。开始补喂饲料时，为便于分别公母鹅，对公鹅可作标记，以便管理和分群。公鹅的补饲可持续到母鹅配种结束。

在人工授精的鹅场，在种用期开始前 1.5 个月左右，对公鹅就要按种用期标准饲养。种公鹅的日粮标准，每千克饲料中应含有粗蛋白 140g、代谢能 11.72MJ、粗纤维 100g、钙 16g、磷 8g、食盐 4g、蛋氨酸 3.5g、胱氨酸，2g、赖氨酸 6.3g、色氨酸 1.6g。每吨饲料中添加维生素 A 1 000 万国际单位、维生素 D_3 50 万国际单位、维生素 E 5g、维生素 B_2 3g、烟酸（维生素 B_5）20g、泛酸（维生素 B_3）10g、维生素 B_{12} 25mg。每吨饲料添加的微量元素的克数为：锰 50、锌 50、铜 2.5、铁 25、钴 0.25、碘 1。每只公鹅平均每天补喂配合饲料 300~330g。

为提高种蛋受精率，在母鹅产蛋周期内，公、母鹅每只每天可喂谷物发芽饲料 100g，胡萝卜、甜菜 250~300g，优质青干草粉 35~50g，在春夏季节应供给足够的青绿饲料。

（2）定期检查种公鹅生殖器官和精液质量。在公鹅中存在一些有性机能缺陷的个体，在某些品种的公鹅较常见，主要表现为生殖器萎缩，阴茎短小，甚至出现阳痿，交配困难，精液品质差。这些有性机能缺陷的公鹅，有些在外观上并不能分辨，甚至还表现得很凶悍，解决的办法只能是在产蛋前，公母鹅组群时，对选留种鹅进行精液品质鉴定，并检查公鹅的阴茎，淘汰有缺陷的公鹅。在配种过程中部分个体也会出现生殖器官的伤残和感染；公鹅换羽时，也会出现阴茎缩小，配种困难的情形。因此，还需要定期对种公鹅的生殖器官和精液质量进行检查，保证留种公鹅的品质，提高种蛋的受精率。

（3）克服种公鹅择偶性的措施。有些公鹅还保留有较强的择偶性，这样将减少与其他母鹅配种的机会，从而影响种蛋的受精率。在这种情况下，公母鹅要提早进行组群，如果发现某只公鹅与某只母鹅或是某几只母鹅固定配种时，应将这只公鹅隔离，经过1个月左右，才能使公鹅忘记与之配种的母鹅，而与其他母鹅交配，从而提高受精率。

第八节　鹅肥肝生产技术

青年鹅在身体生长基本完成以后，用高能量的饲料，经短时期的人工强制填饲，促其迅速肥育，并在肝脏内积贮大量营养物质，使重量和体积比原来增加5~10倍，称为肥肝。

肥肝是一种高档的新型食品。这种肝质地细嫩，营养丰富，味道鲜美，风味独特，是西方国家餐桌上的美味佳肴，每千克鲜肥肝售价在30美元以上，畅销于国际市场。

目前，国际市场肥肝的年贸易量4 000~5 000t，法国是肥肝最大生产国，占世界总产量的65%左右，法国也是肥肝消费的大国，全世界80%以上的肥肝在法国消费。匈牙利居第二位，年产肥肝1 000t左右，主要销往法国。以色列、波兰、保加利亚等国也都生产肥肝。我国自1981年以来，各地先后开始了肥肝的试验研究和试产试销，经10年的努力，现已掌握肥肝生产的全套工艺技术，并将产品打入了国际市场。去年浙江等地销往日本的鲜肥肝，每千克售价34美元，取得了较高的经济效益，这是一种创汇产品，已引起各方面的重视。

一、填肥鹅的选择

鹅的品种对肥肝的大小影响很明显。一般体型越大，生产的肥肝也较大，应尽可能选择大型品种填饲。我国的狮头鹅和法国的朗德鹅都是肝用性能较好的品种，平均肥肝重可达700g左右。中型鹅种中，湖南的溆浦鹅耐填饲，平均肥肝重可达500g。小型品种（太湖鹅、豁眼鹅、清远乌鬃鹅等），平均肥肝重只有 300g 左右，不适于作肥肝生产。

对体型要求，应选择颈粗而短的鹅（如朗德鹅）填饲，便于操作，不易使食道伤残。填鹅的体躯要长，胸腹部大而深，使肝脏增长时体内有足够的空间。

对年龄要求，一般都选用 80 日龄左右的青年鹅填饲，因此时鹅体生长已基本结束，所吸收的营养不必用于生长，可在肝脏中积贮，由于日龄较大，体质壮健，不易伤残。我国部分地区用第一期产蛋结束后的淘汰母鹅，也可生产出合格肥肝。

对性别要求，公鹅的绝对肝重比母鹅大，用公鹅生产肥肝较有利。

总之，肥肝生产鹅应选择大中型品种，体质健壮，日龄稍大，颈粗体长的个体（最好是公鹅）进行填肥。

二、填喂饲料的选择与调制方法

生产肥肝的填喂饲料，效果以玉米最佳，大米次之，其他各种饲料效果极差。目前，各地都采用玉米一种饲料作为主料，添加肉禽微量元素和维生素添加剂，再按饲料总量加 1%~1.5% 食盐和 1%~2% 油脂（食用的植物油和动物油均可）。

调制方法：先将玉米在水中浸涨（把食盐溶于水中），填前将它煮熟，趁热捞起，拌入油脂和添加剂后，即可填喂。

三、填饲技术

（1）填喂方法。目前都普遍采用电动填肥器填饲。一般由两人为一组，其中 1 人抓鹅、保定，1 人填喂。填喂者坐在填肥器的座凳上，右手抓住鹅的头部，用拇指和食指紧压鹅的喙角，打开口腔，左手用食指压住舌根并向外拉出，同时将口腔套进填肥器的填料管中后徐徐向上拉，直至将填料管插入食道深部（膨大部），然后脚踩开关，电动机带动螺旋推进器，把饲料送入食道中。与此同时，左手在颈下部（填料管口的出料处）不断向下推抚，把饲料推向食道基部，随着饲料的填入，同时右手将鹅颈徐徐往下滑，这时，保定鹅的助手与之配合，相应地将鹅向下拉，待填到食道4/5处时（距咽喉处4~5cm），即放松开关，电动机停止转动，同时将鹅颈从填料管中拉出，填饲结束，整个过程需20~30s。

（2）填喂次数和填喂量。填喂次数和填喂量要从少到多，逐步增加，尤其是开头几天，绝对不可多填猛填。一般开始3天，每天填两次，这叫适应性填饲，待鹅习惯后，每天增加到3次，填10天后，再增加到4~6次，每次间隔的时间最好相等。为照顾饲养员休息，夜间两次间隔时间的距离可以稍长些。如果人力允许，填两周以后，可以实行3班制，改成昼夜填饲，即每隔4h填1次（0、4、8、12、16、20时）。增加次数的目的是为了增加填料量，只要填得下，能消化，就应尽量多填，这是生产大肥肝的关键技术之一。

填喂量，每次每只填50~100g，每天填200g左右，适应以后逐渐增加填料量，每天每只可填600~800g。

（3）填喂期。因品种和方法而稍有不同，大型品种填饲期稍长些，小型品种填饲期较短些，但个体之间也有很大差异。过去每天填3次，填饲期长达4周多，现在增加次数和加大填量后，一般填3周，就可以生产出大肥肝。同样的品种同样的填法在个体之间也有很大的差异，早熟的个体，填16~18天就出大肥肝，晚熟的个体要填30多天。

（4）肥肝成熟的外表特征。当加大填料量后，体重迅速增加，皮下和腹腔内积满脂肪，腹部下垂，行动迟缓，步态蹒跚，精神萎靡，眼睛无神，常半开半闭，呼吸急促，羽毛潮湿而零乱，行走的姿势也出现变化，体躯与地面的角度从45°变成平行状态。食欲减退，出现积食或消化不良症状，这是肝已成熟的表现，应立即停填，及时屠宰。否则，由于进食少，消化不良，已经肥大的肝脏又会因营养消耗而变小。有的鹅体重增加不快，食欲尚好，精神亢奋，行动灵活，这说明还不到屠宰适期，应当继续填饲。

四、屠宰工艺

肥肝鹅，只绝食 6h 就宰杀，即前一天 22 时填喂后，第二天早晨就可屠宰。有的鹅根据健康状况，随时进行急宰。肥肝鹅宰前不能强烈驱赶，捉鹅要十分小心，一般用双手抱鹅，轻抱轻放，以免肝脏破裂变为次品或出血致死。尽量避免长途运输。

现将其要点说明如下。

（1）宰杀。宰杀时将鹅倒悬挂在吊架上。从颈部用刀割断血管放血。放血必须干净，使屠体白净，肥肝色泽好，切不可淤血。

（2）浸烫。放血干净后立即浸烫，水温 63~65℃，浸烫时间 3~5min，根据季节气温高低酌情调整时间。浸烫水必须保持干净清洁，未曾死透或放血不净的鹅不能进水池烫毛。

（3）预冷。屠体拔毛完毕洗净后，将鹅体排放平整（胸部朝上），进入冷库预冷，经 18~24h，当鹅体中心温度达 2~4℃（不结冻）即可出预冷库。

（4）开膛取肝。从龙骨末端开始，沿着腹部中线向下切割，切至泄殖腔前缘，把皮肤和皮下脂肪切开（不得损伤肥肝和肠管），使腹腔的内脏暴露，并使内脏与腹腔脱离，只有上端和胸腔连着，然后头朝上把鹅挂起，使肥肝垂落到腹部，这时取肝人一手托住肥肝，另一手伸入腹腔内把肥肝轻轻向下做钝性剥离，这时胆囊也随之剥离。取肝时万一胆囊破裂，应立即把肥肝的胆汁冲洗干净。

（5）整修、检验、称量。肝取下后，放在操作台上，去除肥肝上的结缔组织、脂肪，并把胆囊部位的绿色渗出物修除，随后整形、检验、称重，把合格和不合格的、不同等级的分别包装。称量后的肥肝，应立即进入预冷间（0℃左右），8~12h（以肥肝略有硬度、压痕能在较短时间内复原为标准）。鲜肥肝预冷后，应立即盛放在有冰块的塑料保温箱内，打包发运。冻肥肝称量后立即转入结冻间进行速冻，并标明生产日期，分级包装，然后送冷库存放。

第七章　家禽保健

第一节　家禽消毒

常用的消毒方法有物理消毒法、化学消毒法和生物消毒法。

一、物理消毒法

物理消毒法是通过机械性清扫、冲洗、通风换气、高温、干燥、照射等物理方法，对环境或物品中的病原体清除或杀灭。

（一）机械性消毒法

通过清扫、洗刷、通风等手段，清除禽舍周围、墙壁、设施以及家禽体表污染的粪便、垫草、饲料等污物，以消除或减少环境中的病原微生物。该方法虽然不能真正杀灭病原微生物，但随着污物的清除，大量病原微生物也被除去。

（二）辐射消毒法

阳光是天然的消毒剂，通过其光谱中的紫外线和热量以及水分蒸发引起的干燥等因素的作用，能够直接杀灭多种病原微生物。在直射日光下，经过几分钟至几小时可以杀灭一般的病毒和非芽孢性病原菌，反复暴晒还可使带芽孢的菌体变弱或失活。如将清洗过的用具或蛋箱等放在阳光下暴晒，能达到较好的消毒效果。紫外线灯照射消毒一般用于进出禽舍的人体消毒、对空气中的微生物消毒以及防止一些消毒过的器具再被污染等。

（三）高温灭菌法

利用高温使微生物的蛋白质及酶发生凝固或变性，以杀灭致病微生物。通常分为湿热灭菌法和干热灭菌法。

1. 煮沸灭菌法

适用于金属器械、玻璃及橡胶类等物品的灭菌。在水中煮沸至 100℃后，持续 15～20min。此方法可杀灭一般细菌。针对带芽孢的细菌需每日至少煮沸 1～2h，连续 3 天才符合要求。如在水中加入碳酸氢钠，使其成为 2%的碱性溶液，沸点可提高到 105℃，灭菌时间可缩短至 10min，并可防止金属物品生锈。

2. 高压蒸汽灭菌法

常用于耐高温的物品，如手术器械、玻璃容器、注射器、普通培养基和敷料等物品的灭菌。灭菌前，将需要灭菌的器械物品包好，装在高压灭菌锅内，进行高压灭菌。灭菌所需的温度、压力和时间根据灭菌器类型、物品性质、包装大小而有所差别。通常所需压力为 0.105MPa，温度 121.3℃维持 20～30min 可达到灭菌目的。

3. 干烤灭菌法

用干热灭菌箱进行灭菌。通常灭菌条件为：加热至 160℃维持 1～2h；适用于易被湿热损坏和在干燥条件下使用更方便的物品（如试管、玻璃瓶、培养皿等）的灭菌，不适用对纤维织物、塑料制品的灭菌。

4. 焚烧和灼烧灭菌法

焚烧主要是对病禽的尸体以及传染源污染的饲料、垫草、垃圾及其他废弃物品等采用燃烧的办法，点燃或在焚烧炉内烧毁，从而达到消灭传染源。烧灼是直接用火焰灭菌，适用于笼具、地面、墙壁以及兽医站使用的剪、刀、接种环等金属器材。接种针、环、棒以及剖检器械等体积较小的物品可直接在酒精灯火焰上灼烧。笼具、地面、墙壁的灼烧必须借助火焰消毒器进行。

二、化学消毒法

化学消毒法是指应用化学消毒剂对病原微生物污染的场所、物品等进行消毒的方法。主要应用于禽场内外环境、禽笼、禽舍、饲槽、各种物品表面及饮水消毒。常用的化学消毒方法有浸泡法、擦拭法、熏蒸法及喷雾法 4 种。

（一）浸泡法

选用杀菌谱广、腐蚀性弱的水溶性消毒剂，将物品浸没于消毒剂内，在规定浓度和时间内进行消毒灭菌。

（二）擦拭法

选用易溶于水、穿透性强的消毒剂，擦拭物品表面，在规定浓度和时间内进行消毒灭菌。

（三）熏蒸法

通过加热或加入氧化剂，使消毒剂呈气态，在规定浓度和时间里达到消毒灭菌。熏蒸法适用于精密贵重仪器和不能蒸、煮、浸泡的物品以及空气的消毒。

（四）喷雾法

借助普通喷雾器或气溶胶喷雾器，使消毒剂形成微粒气雾弥散在空间，进行空气和物品表面的消毒。

三、生物热消毒法

生物热消毒法是指通过堆积发酵、沉淀池发酵、沼气池发酵等产热或产酸，以杀灭粪便、污水、垃圾及垫草等内部病原体的方法。常用于禽粪等污物的无害化处理。

第二节　家禽安全用药

不同的给药方法，不但影响药物的吸收速度和程度、药效出现的时间和维持时间，甚至还使药物作用的性质发生改变。因此，为了保证药物预防和治疗效果，除了要选用最有效的药物之外，还要注意药物剂量及剂型，根据家禽的生理特点，病理状况，结合药物的性质，选择正确的投药方法。禽场常用的给药方法有以下几种。

一、群体给药法

（一）混饲给药

将药物均匀地拌入料中，让家禽在采食饲料的同时摄入药物。该法简便易行，节省人力，减少应激，效果可靠，适用于群体给药和预防性用药，尤其适用于长期性投药。对于不溶于水或适口性差的药物更为恰当。通常抗球虫药、促生长剂及控制某些传染病的抗菌药物常用此法。当病禽食欲差或不食时不能采用此法。在应用混饲给药时，应注意以下几个问题。

（1）严格掌握混饲给药的浓度。有效的药物剂量最好按其个体体重来计算。因此，在饲料中用药来预防或治疗疾病时，先要精确估计禽只的平均体重确定每只家禽必需的用药量，然后估计每只家禽每日平均的摄入饲料量，再按此比例混入药物，使每只家禽每日都能吃到应有的药量。

（2）药物和饲料必须混合均匀。混合不均匀，可使部分禽只药物中毒而部分禽只吃不到药物，达不到防治目的。尤其是对于家禽易产生毒副作用的药物及用量较少的药物，更要充分均匀混合。直接将药物加入大批饲料中是很难混匀的。混合时应采用逐步稀释法，即先把药物和少量饲料混匀，然后再把混合药物的饲料拌入一定量的饲料中混匀，最后将混合好的饲料加入大批饲料中，继续混合均匀。

（3）注意饲料添加剂与药物之间的关系。有些药物混入饲料后，可与饲料中的某些成分发生拮抗反应，应密切注意不良作用。如饲料中长期添加磺胺类药物，易引起维生素 B 和维生素 K 的缺乏，这时应适当补充这些维生素；添加氨丙啉时，应减少饲料中维生素 B_1 的添加量，每千克饲料中维生素 B_1 的添加量应在 10mg 以下。

（4）注意配伍禁忌。若同时使用两种以上药物时，必须注意配伍禁忌。如莫能菌素、盐霉素禁止与泰妙菌素、泰乐菌素合用，否则会造成禽只生长受阻，甚至中毒死亡。因此，饲料中若含有抗球虫的莫能菌素、盐霉素，那么在治疗禽的慢性呼吸道病时不能选用泰乐菌素、泰妙菌素。

（二）混饮给药

将药物溶解于饮水中让家禽自由饮用。适于短期投药或群体性紧急治疗，特别适用于禽类因病不能食料，但还能饮水的情况。所用的药物必须是水溶性的。混饮给药除了注意混料给药的一些事项外，还应注意以下几点。

（1）药物性质。通过混饮给药的主要是易溶于水的药品；较难溶于水的药物，通过加热、搅拌或加助溶剂等方法能溶解并可达到预防和治疗效果的也可以通过饮水给药；对于经上述处理仍不能溶于水的药物，则不能混饮给药，但可以拌料给药。溶于水的药物，应至少在一定时间内不被破坏，中草药用水煎后再稀释也可通过饮水给药。可溶性粉和口服液可按要求稀释后饮水给药。

（2）掌握饮水给药时间的长短。饮水时间过长，药物失效；时间过短，有部分禽摄入剂量不足。在水中不易破坏的药物，如磺胺类药物、氟喹诺酮类药物，其药液可以让禽全天饮用；对于在水中一定时间内易破坏的药物，如盐酸多西环素、氨苄西林等，药液量不宜太多，应让禽在短时间（1~2h）内饮完，从而保证药效。在规定时间内未能喝完的药液应及时去除，换上清洁的饮水。

（3）注意药物的浓度。药物在饮水中的浓度最好以用药家禽的总体重、饮水量为依据。首先计算出一群家禽所需的药量，并严格按比例配制符合浓度的药液。具体做法是先用适量水将所投药物充分溶解，加水到所需量，充分搅匀后，倒入饮水器中供家禽饮用。不能将药物直接加入流动的水槽中，这样无法准确计量。饮水前要把水槽或饮水器冲洗消毒干净。

（4）水量控制。根据家禽的可能饮水量来计算药液量，药液宜现配现用，以一次用完为好，以免药物长期在环境中放置而降低疗效。水量太少，易引起少数饮水过多的禽只中毒；水量太多，一时饮不完，达不到防治疾病的目的。如冬天家禽饮水量一般减少，配给药液就不宜过多；而夏天饮水量增高，配给药液必须充足，否则就会造成部分禽只缺饮，影响药效。

（5）注意水质对药物的影响。混饮给药一般用去离子水为佳，因为水中存在的金属离子可能影响药效的发挥。此外，也可选用深井水、冷开水和蒸馏水。井水、河水最好先煮沸，冷却后，去掉底部沉淀物再用；经漂白粉消毒的自来水，在日光下静置2~3h，待其中氯气挥发后再用。

（6）用药前停水。为使家禽在规定时间内能顺利将药液喝完，在用药前，必须对其先行断水。断水时间视舍温情况而定，舍温在28℃以上，控制在1.5~2h；舍温在28℃以下，控制在2.5~3h。另外投药时，饮水器要充足，应多准备一些干净的饮水器具，保证禽群在同一时间内都能喝上水，避免家禽竞争饮水而导致饮药量不均。

（7）注意药物之间的配伍禁忌。若同时使用两种以上药物饮水给药时，必须注意它们之间是否存在配伍禁忌。有些药物同时使用会发生中和、沉淀、分解等，使药物无效。如液体型磺胺药与酸性药物（维生素B、维生素C、盐酸四环素等）合用会析出沉淀。

（三）气雾给药

使用气雾发生器将药物分散成为微滴，让禽类通过呼吸道吸入或作用于皮肤黏膜的一种给药法。由于禽类肺泡面积很大，并有丰富的毛细血管，还具有发达的气囊，所以应用气雾给药时，药物吸收快，作用出现迅速，不仅能起到局部作用，也能经肺部吸收后出现全身作用。使用气雾给药时，应注意以下几点。

（1）恰当选择气雾用药。要求选择对动物呼吸道无刺激性，且能溶解于呼吸道分泌物中的药物，否则不宜使用。

（2）准确掌握用药剂量。同一种药物，其气雾剂的剂量与其他剂型的剂量未必相同，不能随意套用。应通过试验确定气雾剂的有效剂量。

（3）严格控制雾粒的大小。颗粒越小，越容易进入肺泡，但却与肺泡表面的黏着力小，容易随肺脏呼气排出体外；颗粒越大，则大部分散落在地面和墙壁或停留在呼吸道黏膜表面，不宜进入肺脏深部，造成药物吸收不好。临床用药时，应根据用药目的，适当调节气雾颗粒的大小。如果要治疗深部呼吸道或全身感染，气雾颗粒的大小应控制在0.5~5单位/m³，如果要治疗上呼吸道炎症或使药物主要作用于上呼吸道则要加大雾化颗粒。

（4）掌握药物的吸湿性。若要使微粒到达肺的深部，应选择吸湿性弱的药物；若治疗上呼吸道疾病时，应选择吸湿性强的药物。因为吸湿强的药物粒子在通过湿度很高的呼吸道时其直径能逐渐增大，影响药物到达肺泡。

（四）外用给药

多用于禽的体表，以杀灭体外寄生虫、体外微生物，或用于禽舍、周围环境和用具等消毒。外用给药，应注意下面几个问题。

（1）根据用药目的可选择不同的外用给药法。如杀灭体外寄生虫时可采用喷雾法，将药液喷雾到禽体、栖架、窝巢上；治疗水禽的体外寄生虫病时可采用药浴法；杀灭环境中的病原微生物时，可采用熏蒸法、喷洒法等。

（2）注意药物浓度。抗寄生虫药和消毒药物对寄生虫或微生物具有杀灭作用，同时对机体往往也有一定的毒性，如应用不当、浓度过高，易引起中毒。因此，在应用易引起毒性反应的药物时，不仅要严格掌握其浓度，还要事先准备好解毒药物，如用有机磷杀虫剂时，应准备阿托品等解毒药。

（3）注意熏蒸时间。用药后要及时通风，避免对禽体造成过度刺激，尤其是对雏鸡、幼禽更要特别注意。

二、个体给药法

（一）口服给药

将药物的水剂、片剂、丸剂、胶囊剂及粉剂等，经口投服即为口服法。常用的口服法有如下3种：一是用左手食指伸入禽的舌基部，将舌尽量拉出，并与拇指配合固定在下腭，右手即将药物投入。此法适用于给成鸡、鸭、鹅口服丸剂、片剂及粉剂等。二是用左手拇指和食指抓住冠或头部皮肤，向后倒，当喙张开时右手将药物滴入，让其咽下，反复进行，直至服完。此法适用于易溶于水且剂量较小的药物。三是用带有软塑料管的注射器，将禽喙拨开后，把注射器中药物液通过软塑料管送入食道。

口服法的优点是给药剂量准确，并能让每只禽都服入药物。但是，此法花费人工较多，而且较注射给药吸收慢，尤其是吸收过程由于受到消化道内各种酶和酸碱度的影响，所以药效迟缓。

（二）注射给药

当家禽病情危急或不能口服药物时，可采用注射给药。主要有皮下注射、肌内注射、静脉注射、气管注射和嗉囊注射等。其中以皮下注射和肌内注射最常用。注射给药时，应注意注射器的消毒和勤换针头。

（1）皮下注射。可采用颈部皮下、胸部皮下和腿部皮下等部位。皮下注射时用药量不宜过大，且应无刺激性。注射时由助手抓鸡或术者左手抓鸡，并用拇指、食指捏起注射部位的皮肤，右手持注射器沿皮肤皱褶处刺入针头，然后推入药液。

（2）肌内注射。可在预防或治疗禽的各种疾病时使用。常用的注射部位有大腿外侧肌肉、胸部肌肉和翼根内侧肌肉。溶液、混悬液、乳浊液均可肌内注射给药，刺激性强的药物可作深部肌内注射。胸部肌内注射，可选择肌肉丰满处进行，针头不可与肌肉表面呈垂直方向刺入，插入不能太深，以免刺入胸腔或肝脏造成伤亡；大腿外侧肌内注射一般需要有人帮助保定，或呈坐姿用左脚将鸡两翅踩住，左手食指、中指和拇指固定鸡的小腿，右手握注射器与肌肉表面呈 30°～45°角刺入针头。刺激性强的药液忌腿部肌内注射，这些药液注入腿部肌肉后会使禽腿产生疼痛而行走不便，影响禽只采食，也会影响禽的生长发育，应选择翅膀或胸部肌肉多的地方注射。当药液体积大时，应在胸部肌肉丰满处多点注射给药，忌一点注入，因禽的肌肉薄，在一点注入药液过多，易引起局部肌肉损伤，也不利于药物快速吸收。

（3）静脉注射。将药液直接注射于静脉血管内，药物无吸收过程，药效出现最快。适用于急性或危急病例，同时也适用于一些有刺激性和必须进入血液才能发挥药效的药物。但一般的油剂、混悬剂、乳剂不可静注，以免发生栓塞；刺激性大的药物不可漏出血管外。静脉注射的方法是将禽仰卧，拉开一翅，在翅膀中部羽毛较少的凹陷处，有一条静脉经过，鸡的近身段较粗称为翼根静脉，其延伸段较细称为翼下静脉，鸭的称为肱静脉。注射时，先消毒，再用左手压住静脉根部，使血管充血增粗，然后将盛有药液的注射器上的针头刺入静脉内，见有血回流，即放开左手，将药液缓缓注入。

（4）气管注射。注射部位在禽的喉下，颈部腹侧偏右，气管的软骨环之间，针头刺入后应缓慢注入药液，此法可用于治疗鸡气管比翼线虫病和败血支原体病。注射剂量要小，速度要慢。

（5）嗉囊注射。常用于注射对口咽有刺激性的药物或禽只有短暂性吞咽障碍、张喙困难而又急需服药时，当误食毒物时也可采用嗉囊注射解毒药物。方法是左手提起鸡的两翅使其身体下垂，头朝向术者前方，右手持注射器在鸡的右侧颈部旁、靠近右侧翅膀基部约1cm处进针，针刺方向可由上而下直刺，也可向前下方斜刺。鸡嗉囊充满食物时，可在嗉囊中上部任意选注射点注射。一般进针深度为0.5~1cm。进针后推入药液即可。鸡嗉囊充满食物时，嗉囊注射法操作方便，速度快，给药量准确可靠；但是当嗉囊无任何内容物时，注射比较困难，因而适宜在饲喂一定时间后注射。

第三节 家禽免疫接种

一、家禽免疫接种的途径与方法

家禽免疫接种分为群体免疫法和个体免疫法。群体免疫法是针对群体进行的，主要有饮水免疫法和气雾免疫法，这类免疫法省时省力，但有时效果不够理想，特别是对于幼雏。个体免疫法是针对每只家禽逐个进行，主要包括点眼和滴鼻法、刺种法、涂擦法以及注射法等，这类方法免疫效果确实，但费时费力，劳动强度大，且产生的应激大。采用哪一种免疫方法，应根据具体情况而定，既要考虑工作方便和经济合算，又要考虑疫苗的特性和免疫效果。

（一）滴鼻、点眼法

用滴管或滴瓶，将稀释过的疫苗滴入鼻孔或眼结膜囊内，以刺激其上呼吸道或眼结膜产生局部免疫。此法能确保每只家禽得到准确疫苗量，达到快速免疫，抗体效果好；对于幼雏来说，这种方法可以避免或减少疫苗病毒被母源抗体的中和。适用于弱毒活疫苗的接种，如新城疫Ⅱ系、Ⅳ系、Clone30及传支H120等疫苗的免疫。

（二）注射法

根据疫苗注入的组织部位不同，注射法又分为皮下注射和肌内注射。皮下或肌内注射免疫接种的剂量准确、效果确实，但耗费劳力较多，应激较大。适用于马立克氏病疫苗、新城疫Ⅰ系苗、鸭病毒性肝炎疫苗等及各种油乳剂灭活苗的免疫接种。

（1）皮下注射法。主要用于1日龄马立克氏病疫苗的预防接种，采用颈背皮下注射。

（2）肌内注射法。注射部位常取胸肌、翅膀肩关节周围的肌肉丰满处或腿部外侧的肌肉。

（三）刺种法

多用于鸡痘疫苗的接种。用接种针或蘸水笔尖蘸取疫苗，刺种于鸡翅膀内侧无血管处的翼膜内，通过在穿刺部位的皮肤处增殖产生免疫。

（四）泄殖腔涂擦法

主要用于鸡传染性喉气管炎疫苗的接种免疫。接种时，将鸡泄殖腔黏膜翻出，用无菌棉签或小软刷蘸取疫苗，直接涂擦在黏膜上。

（五）饮水免疫法

饮水免疫是根据家禽的数量，将疫苗混合到一定量的蒸馏水或凉白开水中，在短时间内饮用完的一种免疫方法。这种方法比个体免疫省时省力，方便安全，但由于受水质、肠道环境等多种因素的影响，免疫效果不佳，抗体产生参差不齐。常用于弱毒和某些中等毒力的疫苗，如鸡新城疫 II 系、IV 系和 Clone30 苗、传染性支气管炎 H_{52} 及 H_{12}。疫苗、传染性法氏囊病弱毒疫苗的免疫。对于大鸡群和已开产的蛋鸡，为省时省力和减少因注射疫苗而带来的应激反应，常采用饮水免疫法。

（六）气雾免疫法

气雾免疫法是利用气泵将空气压缩，然后通过气雾发生器，使疫苗溶液形成雾化粒子，均匀地悬浮于空气之中，随呼吸进入肺内而获得免疫的方法。气雾法免疫尤其适合大群免疫，是群体免疫的好方法，既可刺激机体获得良好的免疫应答，又能增强局部黏膜免疫力，省时省力，效果较好。但并非所有的疫苗都适合气雾免疫，应选用对呼吸道有亲嗜性的疫苗，如新城疫Ⅳ系、新城疫—传染性支气管炎（H_{120}）二联苗、新威灵等疫苗，而鸡痘、鸡传染性法氏囊中等或弱毒活疫苗、鸡传染性喉气管炎疫苗及各种油乳剂灭活苗等，均不能用气雾法免疫。

二、免疫程序的制定

免疫程序是指根据禽场或禽群的实际情况与不同传染病的流行状况及疫苗特性，对特定禽群制定的疫苗接种类型、次序、次数、方法及时间间隔等预先合理安排的计划和方案。

制定免疫程序应遵循以下原则。

①依据威胁本地区或养禽场的传染病种类及规律合理安排免疫程序。对本地或本场尚未证实的传染病，不要贸然接种，只有证实已经受到严重威胁时，才能计划免疫，不要轻易引进新的疫苗，特别是弱毒苗。

②根据所养家禽的用途及饲养期长短制定免疫接种程序，例如种鸡在开产前需要接种传染性法氏囊病油乳剂疫苗，而商品鸡则不必要。

③选用疫苗毒（菌）株的血清型要与当地流行血清型一致，并详细了解疫苗的免疫学特性。如疫苗的种类、适用对象、保存接种方法、使用剂量、产生免疫力所需时间、疫苗保护效力及持续时间、最佳接种时机及间隔时间等。

④不同疫苗间的干扰和接种时间的科学安排。

⑤根据传染病流行特点和规律，有计划地进行免疫。如禽痘多发于夏秋季节，幼龄家禽发病率较高，因此，在流行地区应在3—10月免疫接种禽痘疫苗。

⑥定期免疫监测，根据抗体消长规律，确定首免日龄和加强免疫的时间，灵活及时地调整免疫程序。

三、紧急接种

紧急接种是指在某些传染病暴发时，在已经确诊的基础上，为迅速控制和扑灭该病的流行，最大限度地减少损失，对疫区和受威胁的家禽进行的应急性免疫接种。紧急免疫接种应根据疫苗或抗血清的性质、传染病发生发展进程及其流行特点进行合理安排。

在紧急免疫接种时需注意以下几点。

①紧急接种必须在疾病流行的早期进行，在诊断正确的基础上，越早越快越好。

②在疫区应用疫苗进行紧急接种时，仅能对正常无病的家禽实施。对病禽和可能受到感染的潜伏期病禽，必须在严格的消毒下立即隔离，不能再接种疫苗，最好使用高免血清或其他抗体进行治疗。

③按先后次序进行接种，应先从安全区再到受威胁区，最后到疫区。在疫区，应先从假定健康家禽开始接种，然后再接种可疑感染家禽。

④注意更换注射器和针头。

第四节　家禽场废弃物处理

一、粪便的处理与应用

家禽不能完全吸收饲料中的全部养分，多余的营养物质随粪便排出体外，禽粪中含有氮、磷等多种营养成分，科学的处理和利用禽粪，既可以变废为宝，充分利用资源，同时又能改善和净化环境，带来良好的经济效益、生态效益以及社会效益。

（一）肥料化处理

禽粪中含有丰富的有机营养物质，是优质的有机肥料。但是禽粪不经处理，直接施到土壤里，禽粪中的尿酸盐不能被植物直接吸收利用，且对根系生长有害。目前，禽粪便用作肥料较广泛的方法是堆肥发酵。该法是将半干的鸡粪（也可以混入一些碎秸秆）在固定的场地堆积起来，体积可大可小，用草泥将粪堆表面糊严进行厌氧发酵。禽粪在堆积过程中，微生物活动能产生高温，4~5天后温度可升至60~70℃，经过3~5周的时间即可完成发酵过程。经过发酵的鸡粪其中的尿酸盐被分解、各种病原体被高温杀死，含水率也有所下降，可以作为优质的有机肥使用。

采用堆肥发酵处理禽粪的优点是：处理最终产物臭味少，较干燥，易包装和撒播。缺点是：处理过程中氨气有损失，不能完全控制臭味，所需场地大，处理时间长，容易造成下渗污染。目前一些有机肥生产厂在常规发酵法的基础上增加使用厌氧发酵法、快速烘干法、微波法、充氧动态发酵法等，克服了传统发酵法的一些缺点。

（二）能源化处理

通过厌氧发酵处理，将粪便中有机物转化为沼气，同时杀灭大部分病原微生物，消除臭气，改善环境，减少人畜共患病的发生和传播，具有能耗低、占地少、负荷高等优点，适用于刮粪和水冲法的家禽饲养工艺。因此，禽粪生产沼气是一种理想而有效的处理粪便和资源回收利用的技术。该方法不仅可以提供清洁能源，解决养殖场及周围村庄部分能源问题；而且发酵后的沼渣、沼液还可作为优质无害的肥料。

二、污水的处理与应用

禽场每天产生大量富含有机物和病原体的污水，如果任其流淌会臭味四散，污染环境和地下水。为了防止这些污水对周围环境造成污染，必须有效地加强禽场的管理。同时，通过污水多级沉淀和固液分离，减少污水中有机物含量，并进行必要的污水处理。污水处理技术的基本方法按其作用原理可分为物理处理法、化学处理法和生物处理法。

（一）物理处理法

就是利用物理作用，除去污水的漂浮物、悬浮物和油污等，同时从废水中回收有用物质的一种简单水处理法，常用于水处理的物理方法有重力沉淀、离心沉淀、过滤、蒸发结晶和物理调节等方法。

（二）化学处理法

利用化学氧化剂等化学物质将污水中的有机物或有机生物体加以分解或杀灭，使水质净化，达到再生利用的方法。化学处理最常用的方法有混凝沉淀法、氧化还原法及臭氧法。

（三）生物处理法

主要靠微生物的作用来实现。参与污水生物处理的微生物种类很多，包括细菌、真菌、藻类、原生动物、多细胞动物等。其中，细菌起主要作用，它们繁殖力强，数量多，分解有机物的能力强，很容易将污水中溶解性、悬浮状、胶体状的有机物逐步降解为稳定性好的无机物。生物处理法可根据微生物的好气性分为好氧生物处理和厌氧生物处理两种。

好氧处理是指利用好氧微生物处理养殖废水的一种工艺，可分为天然好氧处理和人工好氧处理两大类。天然好氧生物处理法是利用天然的水体和土壤中的微生物来净化废水的方法，亦称自然生物处理法，主要有水体净化和土壤净化两种。水体净化主要有氧化塘和养殖塘等；土壤净化主要有土地处理（慢速渗滤、快速法滤、地面漫流）和人工湿地等。人工好氧生物处理是采取人工强化供氧以提高好氧微生物活力的废水处理方法。该方法主要有活性污泥法、生物滤池、生物转盘、生物接触氧化法、序批式活性污泥法及氧化沟法等。

三、死禽的处理与利用

死禽尸体如不及时处理，随意丢弃，分解腐败，发出恶臭，不仅会造成环境、土壤和地下水污染，而且会形成新的传染源，对养殖场及周边的疫病控制产生极大的威胁。因此，必须进行妥善的处理。常用的处理方法有以下几种。

（一）掩埋法

该法简单易行，但不是彻底的处理方法。因此，因烈性传染病死亡的家禽尸体不能掩埋。掩埋坑的长度和宽度以能容纳下尸体为度，深度以尸体表面到坑缘的高度不少于 1.5~2m。掩埋前，将坑底先铺垫上 2~5cm 厚的石灰。尸体投入后（将污染的土壤、捆绑尸体的绳索等一起放入坑内），再撒上一层石灰，填土夯实。

（二）焚烧法

采用焚烧炉焚烧处理病死禽尸体，同时焚烧产生的烟气采取有效的净化措施，防止烟尘、一氧化碳、恶臭等对周围大气环境的污染。目前国内不少厂家针对病害动物尸体无害化处理已开发出专门的焚烧炉。

此法适用于中大规模养殖场。优点：一是操作简便，免于切割、破碎，只需把病死禽扔进焚烧炉内即可；二是处理彻底、效果好，高温焚烧可以有效杀灭病原微生物，最后只剩下灰烬，最大限度地实现无害化和减量化。缺点：一是需消耗大量能源、花费较高；二是焚烧过程中产生的废气容易对空气造成污染。

（三）堆肥发酵法

利用堆肥原理和设施，对病死畜禽进行生物发酵处理，以达到无害化处理的目的。该方法是将病死禽尸体运到堆肥发酵大棚后（经过破碎后效果更佳），在地面上铺上不少于15cm厚的预发酵好的垫料，接着在垫料上平铺一层病死禽尸体，再在病死禽尸体上撒上少量的废旧饲料或米糠，并喷洒稀释后的菌液，最后再铺上不少于15cm厚预发酵好的垫料，如此堆置若干层，总堆置高度不少于1.5m。定期对垫料进行翻堆，使物料充分混合，从而加强堆肥发酵处理效果。堆肥发酵处理过程中保证第3天温度能够达到60℃以上，从而实现无害化处理。经过20~25天的堆置发酵后，物料基本降解完成即可。

此法适用于中小型养殖场。优点：一是处理费用较低，垫料可以重复利用，每次处理时只需补加一定量的菌种即可；二是处理效果较好，经过2~3周的堆肥发酵后，除了羽毛和骨头外其他基本可以降解。缺点是占地面积大（需建设发酵大棚或堆肥场），处理时间长，劳动强度较大。

（四）高温发酵法

指在微生物作用下通过高温发酵使病死禽尸体及废弃物充分矿质化、腐殖化和无害化而变成腐熟肥料的过程。高温发酵降解设备主要包含分切、绞碎、发酵、杀菌、干燥五大功能，其处理过程是将畜禽尸体投入畜禽尸体无害化处理机内，经过分切、绞碎工序，同时在发酵仓内添加微生物菌，将仓内温度设定于75~95℃，水分控制在40%~60%，在高温中可消灭所有病原菌，而且处理过程产生的水蒸气可由排气口向外排放，待24h后即可完全将尸体分解。处理后的废物再加工可作为有机肥半成品使用，解决了废物利用的问题，实现彻底的环保。

此法适用于中大型养殖场病死禽无害化处理。优点：一是处理后的物料可以作为有机肥，从而实现资源化利用；二是使用操作简便、处理时间短、效率高，设备可实现自动化操作，操作人员只需把病死禽投入设备中，并补加适量的垫料和微生物，待 24h 后即可完全将尸体分解；三是处理过程中温度可达 95℃，有效杀灭病原微生物。缺点：一是设备成本较贵；二是运行处理费用较高；三是处理过程中有一定的气味。

四、孵化废弃物的处理与利用

孵化废弃物主要有无精蛋、死胚蛋、死雏和蛋壳等。孵化场废弃物在热天，很容易招惹苍蝇，因此，应尽快处理。无精蛋可用于加工食品或食用，但应注意卫生，避免腐败物质及细菌造成的食物中毒。死胚、死雏一般是经过高温消毒、干燥处理后，粉碎制成干粉，可代替肉骨粉或豆粕。孵化废弃物中的蛋壳，其钙含量非常高，可加工成蛋壳粉利用。但如若没有加工和高温灭菌等设备，每次出雏废弃物应尽快深埋处理。

第八章 家禽传染病防控技术

第一节 常见病毒性传染病的防治

一、禽流感

禽流行性感冒（Avian Influenza，AI）简称禽流感，是由A型流感病毒（Avian Influenza Virus，AIV）引起禽以及人和多种动物共患的高度接触性传染病，国际动物卫生组织将其定为A类传染病，我国将其列为一类传染病。其主要特征为病禽从呼吸系统到严重的全身败血性症状，又称真性鸡瘟、欧洲鸡瘟。

（一）临床症状

急性型多见于高致病性禽流感引起的病例，潜伏期几小时到数天，发病急剧，发病率和死亡率均高，传播范围一般较小，常突然暴发，患者无明显症状而迅速死亡。死亡率可达90%~100%。急性型为目前世界上常见的一种病型。病禽表现为突然发病，体温升高，可达42℃以上。精神沉郁，采食量急剧下降，食欲废绝，肿头，眼睑周围浮肿，肉冠和肉垂肿胀、出血甚至坏死，鸡冠发紫。眼分泌物增多，眼结膜潮红、水肿，羽毛蓬松无光泽，体温升高；下痢，粪便黄绿色并带多量的黏液或血液；病禽呼吸困难、咳嗽、打喷嚏，张口呼吸；产蛋率急剧下降或几乎完全停止，蛋壳变薄、褪色、无壳蛋、畸形蛋增多，受精率和受精蛋的孵化率明显下降；鸡脚鳞片下呈紫红色或紫黑色，小腿肿胀；有的鸡有神经症状。在发病后的 5~7 天内死亡率几乎达到 100%。

亚急性或低毒力型的病例潜伏期稍长，发病较缓和，发病率和死亡率较低，疫情范围逐渐扩大，持续时间长。主要侵害产蛋鸡，一旦发病，疫情难以控制，疫区难以根除。病鸡采食量减少，饮水量增加；从鼻腔流出分泌物，鼻窦肿胀，眼结膜发炎，流出分泌物；头部肿胀，鸡冠、肉髯淤血，变厚，触之有热痛，腿部鳞片出血；呼吸道症状明显，但程度不一；产蛋量下降 20%~30%。

慢性型病势缓和，病程长，一般症状不明显，仅表现轻微的呼吸道症状，产蛋量下降 10%左右。

（二）治疗

目前尚无特效药物。

（三）防控措施

1. 做好常规的卫生防疫和免疫接种工作

加强平时的兽医卫生管理工作，建立严格的消毒制度；引进禽类和产品时，要从无禽流感的养殖场引进；加强禽流感的监测，做好集市、屠宰场等检疫；对种禽场定期进行血清学监测；在受威胁地区的禽施用疫苗预防接种。目前，禽流感疫苗的主要有基因工程疫苗和灭活疫苗。由于禽流感病毒的高度变异性，所以一般都限制弱毒疫苗的使用，以免弱毒在使用中变异而使毒力返强，形成新的高致病力毒株。现阶段广泛使用的是禽流感 H5 和 H9 油乳剂灭活疫苗，一般能收到较好的免疫效果。

2. 发病时的处理措施

一旦发现高致病力禽流感（H5）可疑病例，应立即向当地兽医部门报告，同时对病鸡群（场）进行封锁和隔离；一旦确诊，立即在有关兽医部门指导下，划定疫点、疫区和受威胁区。严禁疫点内的禽类以及相关产品、人员、车辆以及其他物品运出，因特殊原因需要进出的必须经过严格的消毒；同时扑杀疫点内的一切禽类，扑杀的禽类以及相关产品，包括种苗、种蛋、菜蛋、动物粪便、饲料、垫料等，必须经深埋或焚烧等方法进行无害化处理；对疫点内的禽舍、养禽工具、运输工具、场地及周围环境实施严格的消毒和无害化处理。禁止疫区内的家禽及其产品的贸易和流动，设立临时消毒关卡对进出运输工具等进行严格消毒，对疫区内易感禽群进行监控，同时加强对受威胁区内禽类的监察。在对疫点内的禽类及相关产品进行无害化处理后，还要对疫点反复进行彻底消毒，彻底消毒后 21 天，如受威胁区内的禽类未发现有新的病例出现，即可解除封锁。

二、新城疫

新城疫（Newcastle Disease，ND），又称亚洲鸡癌，伪鸡瘟等，是由新城疫病毒引起的一种急性、高度接触性传染病，主要侵害鸡和火鸡，其他禽类和野禽也能感染，也能感染人。其典型特征为呼吸困难，下痢、神经紊乱、腺胃乳头出血和小肠中后段局灶性出血和坏死。虽然已经广泛接种疫苗预防，但该病目前仍是最主要和最危险的禽病之一，被国家列为动物一类传染病。

（一）临床症状

（1）最急性型。多见于新城疫的暴发初期，鸡群无明显异常而突然出现急性死亡病例。

（2）急性型。最为常见，在突然死亡病例出现后几天，鸡群内病鸡明显增加。

病鸡眼半闭或全闭，呈昏睡状，头颈蜷缩、尾翼下垂，废食，病初期体温升高（可达 43～44℃），饮水增加；但随着病情加重而废饮，冠和肉髯紫蓝色或紫黑色，嗉囊内充满硬结未消化的饲料或充满酸臭的液体，口角常有分泌物流出。呼吸困难，有啰音，张口伸颈，年龄越小越明显，同时发出怪叫声。下痢，粪便呈黄绿色，混有多量黏液，泄殖腔充血、出血。产蛋鸡产蛋量下降，蛋壳褪色或变成白色，软壳蛋、畸形蛋增多，种蛋受精率和孵化率明显下降。病鸡出现神经症状，以雏鸡多见，表现全身抽搐、扭颈，呈间歇性，有的瘫腿和翅麻痹。病程 2～5 天，1 月龄以内的鸡病程短，症状不明显，病死率高。

（3）亚急性或慢性型。在经过急性期后仍存活的鸡，陆续出现神经症状，盲目前冲、后退、转圈，啄食不准确，头颈后仰望天或扭曲在背上方等，其中一部分鸡因采食不到饲料而逐渐衰竭死亡，但也有少数神经症状的鸡能存活并基本正常生长和增重。此型多见于流行后期的成年鸡，病死率较低。

非典型新城疫多见于免疫鸡群，特别是二免前后的鸡发病最多，但发病率和死亡率低于典型新城疫，仅表现为呼吸道症状和神经症状。

（二）诊断

根据发病流行的特点、典型的症状（神经症状）和剖检变化可初步诊断为新城疫，但确诊要进行病毒分离培养，用已知抗血清做血凝和血凝抑制试验鉴定。

（三）防控措施

新城疫是为害严重的禽病，必须严格按国家有关法令和规定，对疫情进行严格处理，必须认真地执行预防传染病的总体卫生防疫措施，以便减少暴发的危险，尤其是在每年的冬季，养鸡场均应采取严格的防范措施。

1. 预防措施

（1）做好鸡场的卫生管理。卫生管理主要是控制病原体侵入鸡群，鸡场要严格执行卫生防疫制度和措施；防止带毒鸡（包括鸟类）和污染物品进入鸡群；饲料来源要安全；不从疫区引进种蛋和雏鸡；新购进的鸡须接种新城疫疫苗，并隔离饲养2周以上，确实证明无病时，才能与健康鸡合群。

（2）严格执行消毒措施。鸡场应有完善的消毒设施，鸡场进出口应设消毒池。所有人员进入饲养区必须消毒，更换工作服和鞋帽。进入场区的车辆和用具也要消毒。鸡场可实行全进全出制度，进鸡前及全群鸡出栏后进行彻底消毒，平时鸡舍周围环境也应定期进行消毒和带毒鸡消毒。

（3）加强饲养管理，预防其他疾病。供给全价饲料，减少各种应激，做好其他疾病的预防。

（4）合理做好免疫。新城疫的预防在做好鸡场的卫生管理和严格执行消毒措施基础上，科学有效的免疫接种是预防本病的关键。根据鸡场规模、饲养水平及新城疫在本地区的流行特点，制定出一个合理的免疫程序。有条件的鸡场应进行鸡群免疫状态与抗体效价的检测，做到万无一失。

2. 发病后的控制措施

按规定，怀疑为新城疫时，应及时报告当地兽医部门，确诊后立即由当地政府部门划定疫区，进行扑杀、封锁、隔离和消毒等严格的防疫措施。

首先，采取隔离封锁饲养，禁止人员、工具向健康鸡舍流动，用火碱水进行病鸡舍路面及周围的消毒，立即对病鸡进行无害化处理，防止继续散毒。

其次，及时应用新城疫疫苗进行紧急接种，1月龄以内的雏鸡用Ⅳ系苗，按常规剂量 2~4 倍滴鼻、点眼，同时注射油乳剂疫苗 1 羽份，对 2 月龄以上鸡用 2 倍量Ⅰ系苗肌肉注射，接种顺序为：假定健康群→可疑群→病鸡群。每只鸡用一支针头，出现症状按病鸡处理，一般 5 天左右即可使疫情平息。对于早期病鸡和可疑病鸡，用新城疫高免血清或卵黄抗体进行注射也能控制本病发展，待病情稳定后再用疫苗接种。在最后一只病鸡死亡或扑杀后 2 周，全场经大消毒后，方可解除封锁。

三、传染性支气管炎

传染性支气管炎（Infectious Bronchitis，IB）是鸡的一种急性、高度接触传染的病毒性呼吸道和泌尿生殖道疾病。其特征是咳嗽、喷嚏、气管啰音和呼吸道黏膜呈浆液性、卡他性炎症，传播极其迅速。

（一）临床症状

（1）呼吸型。幼雏主要病变表现为鼻腔、喉头、气管、支气管内有浆液性、卡他性和干酪样（后期）分泌物。病鸡表现为伸颈、张口呼吸、咳嗽，有"咕噜"音，精神萎靡，食欲废绝、羽毛松乱、翅下垂、昏睡、怕冷，常拥挤在一起。产蛋鸡感染后产蛋量下降 25%~50%，同时产软壳蛋、畸形蛋或砂壳蛋，蛋白稀薄如水样。

（2）肾型。主要发生于 2~4 周龄的肉鸡。最初表现短期（1~4 天）的轻微呼吸道症状，包括啰音、喷嚏、咳嗽等，但只有在夜间才较明显，因此常被忽视。中期病鸡表面康复，呼吸道症状消失，鸡群没有可见的异常表现。后期是受感染鸡群突然发病。病鸡挤堆、厌食、脱水、饮水增加，排白色稀便，粪便中几乎全是尿酸盐。病鸡因脱水而体重减轻、胸肌发绀，重者鸡冠、面部及全身皮肤颜色发暗。发病 10~12 天达到死亡高峰，21 天后死亡停止，死亡率约30%。6 周龄以上的鸡死亡率降低。

（二）诊断

根据典型症状和剖检变化可作出初步诊断，进一步确诊则有赖于病毒分离与鉴定及其他实验室诊断方法。

（三）防控措施

（1）加强饲养管理。降低饲养密度，避免鸡群拥挤，注意温度、湿度变化，避免过冷、过热。加强通风，防止有害气体刺激呼吸道。合理配比饲料，防止维生素，尤其是维生素A的缺乏，以增强机体的抵抗力。

（2）适时接种疫苗。在免疫方面，目前国内外普遍采用Massachusetts血清型的H120和H52弱毒疫苗来控制IB，这与该型毒株流行最广泛有关。H120的毒力较弱，主要用于免疫4周龄以内的雏鸡，H52毒力较强，只能用于1月龄以上的鸡。首免可在7~10日龄用传染性支气管炎H120弱毒疫苗点眼或滴鼻；二免可于30日龄用传染性支气管炎H52弱毒疫苗点眼或滴鼻；对蛋鸡和种鸡群还应于开产前接种一次IB油乳剂灭活疫苗。对于饲养周期长的鸡群最好每隔60~90天用H52疫苗喷雾或饮水免疫。

（3）治疗。本病目前尚无特异性治疗方法，改善饲养管理条件，降低鸡群密度，饲料或饮水中添加抗菌药物，控制大肠杆菌、支原体等病原的继发感染或混合感染具有一定的作用。对肾型传染性气管炎，发病后应降低饲料中蛋白的含量，并注意补充K^+和Na^+，具有一定的治疗作用。

四、传染性喉气管炎

传染性喉气管炎（Infectious Laryngotracheitis，ILT）是由传染性喉气管炎病毒（ILTV）引起鸡的一种急性接触性呼吸道传染病。其特征是呼吸困难、气喘、咳嗽，并咳出血样的分泌物，喉部气管黏膜肿胀、出血和糜烂、坏死及大面积出血。本病对养鸡业为害较大，传播快，已遍及世界许多养鸡国家和地区。

（一）临床症状

本病潜伏期的长短与 ILTV 毒株的毒力有关，自然感染的潜伏期为 6~12 天，人工气管内接种时为 2~4 天。突然发病和迅速传播是本病发生的特点。

发病初期，常有数只鸡突然死亡。病初有鼻液，呈半透明状，伴有结膜炎。其后表现为特征的呼吸道症状，即呼吸时发生湿性啰音、咳嗽、有喘鸣音。严重病例，张口呼吸、高度呼吸困难，头颈部突然上伸，并咳出带血的分泌物。若分泌物不能咳出而堵住气管时，可引起窒息死亡。病鸡体温升高 43℃左右，精神高度沉郁，食欲减退或废绝，鸡冠发紫，有时还排出绿色粪便，最后衰竭死亡。产蛋鸡的产蛋量迅速减少（可达 35%），康复后 1~2 个月才能恢复。

有些毒力较弱的毒株流行较缓和，症状较轻，有结膜炎，眶下窦炎。病程较长，长的可达 1 个月。死亡率一般较低，大部分病鸡可以耐过。

（二）诊断

根据流行病学、症状和病理变化，可作出初步诊断。在症状、病变不典型时，与传染性支气管炎、鸡支原体感染、禽流感等病不易区别，进一步确诊则依赖于病毒分离与鉴定及其他实验室诊断方法。

（三）防控措施

由于本病大多由带毒鸡所传染，因此易感鸡不能与康复鸡或接种疫苗的鸡养在一起。平时要注意环境卫生、消毒，鸡舍内氨气过浓时，易诱发本病，要改善鸡舍通风条件，降低鸡舍内有害气体的含量，执行全进全出的饲养制度，严防病鸡和带毒鸡的引入。常发生本病的鸡场，应用鸡传染性喉气管炎弱毒疫苗进行预防接种，这是预防本病的有效方法。首免在 28 日龄左右，二免在 70 日龄左右。免疫接种方法可采用点眼法。接种后 3~4 天可发生轻度眼结膜反应，个别鸡只出现眼肿，甚至眼盲现象，可用每毫升含 1 000~2 000IU 的庆大霉素或其他抗生素滴眼。为防止鸡发生眼结膜炎，稀释疫苗时每羽份加入青霉素、链霉素各 500IU。疫苗的免疫期可达半年至 1 年。

发病鸡群目前尚无特异的治疗方法，但本病多是由于继发葡萄球菌感染而使病情加重，所以采用抗菌素治疗可收到良好效果。对发病鸡群，病初期可用弱毒疫苗点眼，接种后 5~7 天即可控制病情。耐过的康复鸡在一定时间内可带毒和排毒，因此需严格控制康复鸡与易感鸡群的接触，最好将病愈鸡只做淘汰处理。

五、鸭瘟

鸭瘟（Duck Plague，DP）是由鸭瘟病毒引起的鸭和鹅的一种急性、热性、败血性传染病。主要特征为体温升高，两腿麻痹，流泪和眼睑水肿，部分病鸭头颈肿大。食道和泄殖腔黏膜有坏死性假膜和溃疡，肝脏坏死灶和出血点。本病传播迅速，发病率和病死率都很高，是严重威胁养鸭业发展的重要传染病之一。

（一）临床症状

潜伏期一般为 3~4 天。发病初期出现一般症状，之后两腿麻痹无力，行走困难，全身麻痹时伏卧不起，流泪和眼睑水肿，均是鸭瘟的一个特征症状。病鸭下痢，粪便稀薄，呈绿色或灰白色，肛门周围的羽毛被沾污或结块。大多数病鸭流泪和眼睑水肿，眼分泌物初为浆液性，继而黏稠或脓样，上下眼睑常粘连。部分病鸭头部肿大或下颌水肿，故俗称"大头瘟"或"肿头瘟"。

（二）诊断

根据流行病学特点、特征症状和病变可作出初步诊断。确诊需做病毒分离鉴定、中和试验、血清学试验。

（三）防控措施

目前还没有治疗鸭瘟的有效药物，因此主要做好预防工作。

（1）预防措施。加强检疫工作。引进种鸭或鸭苗时必须严格检疫，鸭运回后隔离饲养，至少观察 2 周。不从疫区引进鸭；加强卫生消毒制度。对鸭舍、运动场和饲养用具等经常消毒；定期接种鸭瘟疫苗。目前使用的疫苗有鸭瘟鸭胚化弱毒苗和鸭瘟鸡胚化弱毒苗。雏鸭 20 日龄首免，4~5 个月后加强免疫 1 次即可。3 月龄以上的鸭免疫 1 次，免疫期可达一年。

（2）发病后的措施。发生鸭瘟时，立即采取隔离和消毒措施，并对可疑感染和受威胁的鸭群进行紧急疫苗接种，可迅速控制疫情，收到很好的效果。

六、鸭病毒性肝炎

鸭病毒性肝炎（Duck Virus Hepatitis，DVH）是由鸭肝炎病毒（Duck Hepatitis Virus，DHV）引起雏鸭的一种急性、高度致死性传染病。其特征是发病急，传播快，死亡率高；共济失调、角弓反张；肝脏肿大和出血。本病常给养鸭场造成巨大的经济损失，是严重危害养鸭业的主要传染病之一。

（一）临床症状

本病发病急，传播迅速、病程短。潜伏期 1~4 天。雏鸭发病初期表现为精神委顿、缩颈、行动呆滞或跟不上群，常蹲下，眼半闭，厌食；发病半日到1日即出现神经症状，表现运动失调、翅膀下垂、呼吸困难、全身性抽搐，病鸭多侧卧，死前角弓反张，头向后背部扭曲，俗称"背脖病"，两脚痉挛性地反复踢蹬，有时在地上旋转。出现抽搐后，约十几分钟即死亡。喙端和爪尖淤血呈暗紫色，少数病鸭死前排黄白色和绿色稀粪。雏鸭发病率100%，病死率因日龄而异。成年鸭感染可发生暂时性产蛋下降，但不出现神经症状。

（二）防控措施

（1）预防措施。严格的防疫和消毒制度是预防本病的积极措施，对4周龄以下的雏鸭进行隔离饲养、定期消毒，可以防止DHV感染。疫苗接种是预防本病的关键，尤其是对种母鸭的免疫更为重要。在本病流行严重的地区和鸭场，种鸭开产前1个月，先用弱毒苗免疫，一周后再用鸭肝炎油佐剂灭活苗加强免疫，可使雏鸭获得更高滴度的母源抗体。

（2）发病后的措施。目前尚无有效药物治疗本病，最有效办法是发病或受威胁的雏鸭群，皮下注射高免血清或高免卵黄液1~2ml，可起到降低死亡率、控制流行和预防发病的作用。

七、小鹅瘟

小鹅瘟（Gosling Plague，GP）又称鹅细小病毒感染、雏鹅病毒性肠炎，是由小鹅瘟病毒引起的主要侵害雏鹅和雏鸭的一种急性或亚急性败血性传染病。主要特征是侵害4~20日龄以内的雏鸭，传播快、发病率高、死亡率高。急性型表现全身败血症，渗出性肠炎，小肠黏膜表层大片脱落，与凝固的纤维素性渗出物一起形成栓子，堵塞肠腔。

（一）临床症状

潜伏期为 3~5 天，根据病程分为最急性、急性和亚急性 3 型。

（1）最急性型。多发生在 1 周龄内的雏鹅，往往不显现任何症状而突然死亡。发病率可达 100%，死亡率高达 95% 以上。常见雏鹅精神沉郁后数小时内即表现极度衰弱，倒地后两腿乱划，迅速死亡，死亡的雏鹅喙及爪尖发绀。

（2）急性型。多见于 1~2 周龄内的雏鹅，表现为症状为精神委顿，食欲减退或废绝，但渴欲增加，有时虽能随群采食，但将啄得之草随即甩去；不愿走动，严重下痢，排灰白色或青绿色稀便，粪便中带有纤维素碎片或未消化的饲料；呼吸困难，鼻流浆性分泌物，喙端色泽变暗；临死前出现两腿麻痹或抽搐，头多触地。病程 1~2 天。

（3）亚急性型。发生于 15 日龄以上的雏鹅。以委顿、不愿走动、减食或不食、拉稀和消瘦为主要症状。病程 3~7 天，少数能自愈，但生长不良。

成年鹅感染 GP 后往往不表现明显的临床症状，但可带毒排毒，成为最重要的传染源。

（二）防控措施

本病目前尚无有效的治疗药物。可用抗小鹅瘟血清或卵黄抗体，能收到一定的防治效果。

（1）预防措施。本病主要通过孵化传播，要搞好孵化室的清洁卫生，彻底清洗和消毒一切孵化用具，种蛋用甲醛熏蒸消毒。已被污染的孵化室孵出的雏鹅，在出壳后用小鹅瘟高免血清预防注射，每只雏鹅注射 0.5~1ml，有一定的预防效果。刚出壳的雏鹅要注意不要与新进的种蛋和大鹅接触，以防感染。严禁从疫区购进种蛋及种苗；新购进的雏鹅应隔离饲养

20 天以上，确认无小鹅瘟发生时，才能与其他雏鹅合群。

（2）发病后的措施。本病目前尚无有效的治疗药物。可用抗小鹅瘟血清或卵黄抗体，能收到一定的防治效果。若及早注射小鹅瘟高免血清，能制止 80%～90% 已被感染的雏鹅发病。由于病程太短，对于症状严重的病雏，小鹅瘟高免血清的治疗效果并不太理想。对于发病初期的病雏鹅，抗血清的治愈率约 40%～50%。病死雏鹅应焚烧深埋，对发病鹅舍进行消毒，严禁病鹅出售或外调。

第二节　常见细菌性传染病的防治

一、禽沙门氏菌

禽沙门氏菌病（Avian Salmonellosis）是由肠杆菌科沙门氏菌属中的一种或多种沙门氏菌引起的禽类疾病的总称。沙门氏菌有 2 000 多个血清型，它们广泛存在于人和多种动物的肠道内。在自然界中，家禽是最主要的贮存宿主。禽沙门氏菌病根据细菌抗原结构的不同可分为 3 类：鸡白痢、禽伤寒和禽副伤寒。其中禽副伤寒沙门氏菌则能广泛感染多种动物和人。目前，受其污染的家禽及其产品已成为人类沙门氏菌感染和食物中毒的主要来源之一。因此，防治禽副伤寒沙门氏菌病具有重要的公共卫生意义。

（一）鸡白痢

1. 临床症状

（1）雏鸡。蛋内感染者大多在孵化过程中死亡，或孵出病弱雏，但多在出壳后 7 天内死亡。出壳后感染的雏鸡，在 5～7 日龄开始发病死亡，7～10 日龄发病逐渐增多，通常在第

2~3周龄时达死亡高峰。病雏鸡怕冷寒战，常成堆拥挤在一起，翅下垂，精神不振，不食，闭眼嗜睡。突出的表现是下痢，排白色、糊状稀粪，肛门周围的绒毛常被粪便所污染，干后结成石灰样硬块，封住肛门，造成排便困难，因此，排便时发出尖叫声。肺有较重病变时，表现呼吸困难及气喘症状。有的出现跛行，可见关节肿大。病程一般为4~10天，死亡率40%~70%或更多。3周龄以上发病者较少死亡，但耐过鸡大多生长很慢，成为带菌鸡。

（2）中鸡。多发于40~80日龄的鸡群。地面平养的鸡较网上和育雏笼养的鸡多发一些。最明显的是腹泻，排出颜色不一的粪便，病程比雏鸡白痢长一些，本病在鸡群中可持续20~30天，不断地有鸡只零星死亡。

（3）成年鸡。成年鸡感染后一般不表现症状或呈慢性经过，无任何症状或仅出现轻微的症状。病鸡表现精神不振，冠和眼结膜苍白，食欲下降，部分鸡排白色稀便。产蛋率、受精率和孵化率下降。有的因卵巢或输卵管受到侵害而导致卵黄性腹膜炎，出现"垂腹"现象。

2. 防治

目前此病尚无有效疫苗。预防鸡白痢病的关键在于清除种鸡群中的带菌鸡，同时结合卫生消毒和药物防治，才能有效地防治本病。

（1）定期严格检疫，净化种鸡场。鸡白痢主要是通过种蛋垂直传播的，因此，淘汰种鸡群中的带菌鸡是控制本病的最重要措施。一般的做法是挑选和引进健康雏种鸡，到40~70日龄用全血平板凝集试验进行第一次检疫，及时剔除阳性鸡和可疑鸡。以后每隔一个月检疫一次，直到全群无阳性鸡，再隔两周做最后一次检疫，若无阳性鸡，则为阴性鸡群。必要时，可以在产蛋后期进行一次抽检。检出的阳性鸡应坚决淘汰。

（2）加强饲养管理、卫生和消毒工作。采用全进全出的生产模式；每次进雏前都要对鸡舍、用具等进行彻底消毒并至少空置一周；育雏室要做好保温及通风工作；消除发病诱因，保持饲料和饮水的清洁卫生。

（3）做好种蛋、孵化器、孵化室、出雏器的消毒工作。孵化用的种蛋必须来自鸡白痢阴性的鸡场，要求种蛋每天收集4次（即2h内收集1次），收集的种蛋先用0.1%新洁尔灭消毒，然后，放入种蛋消毒柜熏蒸消毒（40%甲醛溶液30ml/m³，高锰酸钾15g/m³，30min），再送入蛋库中贮存。种蛋放入孵化器后，进行第2次熏蒸，排气后按孵化规程进行孵化。出雏60%~70%时，用福尔马林（14ml/m³）和高锰酸钾（7g/m³）在出雏器对雏鸡熏蒸15min。鸡舍及一切用具要经常清洗消毒，鸡粪要经常清扫，集中堆积发酵。

（4）药物和微生态制剂预防。对本病易发年龄及一周龄内的雏鸡使用敏感的药物进行预防可收到很好的效果。使用"促菌生"或其他活菌剂来预防雏鸡白痢，也取得了较好的效果。应注意的是，由于"促菌生"制剂等是活菌制剂，因此应避免与抗微生物制剂同时应用。

（5）药物防治。氟喹诺酮类药物、氨苄青霉素、强力霉素、氟苯尼考、庆大霉素、阿米卡星、链霉素、磺胺类药物等对本病具有很好的治疗效果。

（二）禽伤寒

禽伤寒是由鸡伤寒沙门氏菌引起鸡、鸭和火鸡的一种急性或慢性败血性传染病。特征是青成年鸡黄绿色下痢，肝脏肿大。

1. 临床症状

病的潜伏期为4~5天，病程5天左右。病初精神不振，呆立，头和翅膀下垂，冠与肉髯苍白并逐渐萎缩，食欲废绝，排淡黄绿色稀粪，玷污肛门周围的羽毛。有的病例出现腹膜炎而导致腹痛，呈现企鹅站立姿势。

2. 防治

可参考鸡白痢来进行。其关键措施有：加强饲养管理，搞好环境卫生，减少病原菌的侵入；定期检疫，净化种鸡场，从根本上切断本病的传播途径；使用敏感的药物进行预防和治疗。

（三）禽副伤寒

禽副伤寒是由鼠伤寒沙门氏菌引起的禽类传染病。其主要危害鸡和火鸡，常引起幼禽严重的死亡，母禽感染后会引起产蛋率、受精率和孵化率下降，往往引起严重的经济损失。由于除家禽外，许多温血动物，包括人类也能感染，所以，广义上又将该病称为副伤寒，并被认为是影响最广泛的人畜共患病之一。

1. 临床症状

禽副伤寒在幼禽多呈急性或亚急性经过，与鸡白痢相似，而在成年禽一般为隐性感染，呈慢性经过。幼禽感染后症状表现为嗜睡、呆立、羽毛松乱、食欲减少、水样下痢、怕冷，拥挤在一起，病程 1~4 天。成年禽一般为慢性带菌者，常不出现症状。

2. 防治

由于禽副伤寒沙门氏菌血清型众多，因此很难用疫苗来预防本病，再加上本病有很多传染源和传播途径，目前尚无理想的血清学检测方法等，所以其防治要比鸡白痢和禽伤寒困难得多。因此，只有加强综合防治。

（1）综合防治措施。平时应严格做好饲养管理、卫生消毒、检疫和隔离工作。感染过沙门氏菌的种鸡群不能作种用。所有更新种鸡群和种蛋均应来自无副伤寒鸡群；种鸡要有足够洁净的产蛋箱，种蛋的收集频率要高，收后熏蒸消毒；孵化室、孵化器、出雏器等要严格消毒；注意饲料的卫生，最好使用颗粒饲料。

（2）治疗。药物治疗可以降低急性禽副伤寒引起的死亡，并有助于控制本病，但不能完全消灭本病。氟喹诺酮类药物、氨苄青霉素、磺胺类药物、强力霉素、氟苯尼考、庆大霉素、阿米卡星、链霉素等对本病具有很好的治疗效果。最好通过药敏试验选择敏感的药物。

二、巴氏杆菌病

禽巴氏杆菌病又称禽霍乱（Fowl Cholera，FC）、禽出血性败血症，是由某些血清型的多杀性巴氏杆菌引起的主要侵害鸡、鸭、鹅、火鸡等禽类的一种接触性传染病。其主要特征急性病例表现为败血症，全身黏膜有小出血点，发病快，传染快，发病率和死亡率都很高。慢性病例的特征是冠髯水肿，关节炎，死亡率较低。

1. 临床症状

（1）最急性型。常见于流行初期，特别是成年高产蛋鸡最常见。该病型最大特点是生前看不到任何症状，突然倒地，拍翅、抽搐、挣扎，迅速死亡，病程短者数分钟，长者也不过数小时。

（2）急性型。此型最为常见。鸡群突然发病，病死率很高。病鸡体温高达43~44℃，精神沉郁，食欲减少或不食，口渴，羽毛松乱，缩颈闭目，离群呆立。呼吸急促，口、鼻流出带泡沫的黏液，鸡冠及肉髯发绀，甚至呈黑紫色。后期常有剧烈下痢，粪便灰黄色或绿色甚至混有血液，鸡群产蛋量迅速下降。最后衰竭、昏迷而死亡。病程短的约半天，长的1~3天。

（3）慢性型。多见于流行后期，多由急性病例转为慢性，或由毒力较弱的菌株引起。病鸡表现食欲不振，精神沉郁，常见鸡冠和肉髯水肿、苍白，肉髯苍白，水肿，变硬。关节炎，肿大，跛行。有的慢性病鸡长期拉稀，病程可延长到几周甚至几个月。

鸭霍乱常以病程短促的急性型为主。症状与鸡基本相似，一般表现精神不振，不愿下水，即使下水，行动缓慢，常落于鸭群后面；或离群独卧，眼半闭，少食或不食，停止鸣叫，两脚发生瘫痪，不能行走；口鼻流出黏液，呼吸困难，张口呼吸，并常摇头，俗称为"摇头瘟"。一般于发病后1~3天死亡。

成年鹅的症状与鸭相似，仔鹅发病和死亡较成年鹅严重，常以急性经过为主。精神委顿，食欲废绝，拉稀，喉头有黏稠的分泌物。喙和蹼发紫，翻开眼结膜有出血斑点，病程1~2天。

2. 防治

（1）预防。加强鸡群的饲养管理，平时严格执行鸡场兽医卫生防疫措施，以栋舍为单位采取全进全出的饲养制度，预防本病的发生是完全有可能的。一般从未发生本病的鸡场不进行疫苗接种。当前，禽霍乱疫苗的免疫效果不够理想，生产实践中，预防本病最理想的菌苗是禽霍乱自家灭活苗。

（2）治疗。鸡群发病应立即采取治疗措施，有条件的地方应通过药敏试验选择有效药物全群给药。阿米卡星、氟苯尼考、氟喹诺酮类药物（如环丙沙星）、头孢噻呋、强力霉素、磺胺类药物、喹乙醇均有较好的疗效。在治疗过程中，剂量要足，疗程合理，当鸡只死亡明显减少后，再继续投药2~3天以巩固疗效防止复发。

禽场发生本病后，及早全群使用敏感的药物可以很快控制本病，但停药后，又可再次发生，也就是说，单纯使用药物很难达到根治本病的目的。据报道使用禽霍乱自家水剂灭活苗紧急注射，同时配合药物治疗3~5天，可以彻底根治本病。

三、鸭传染性浆膜炎

鸭传染性浆膜炎（Infectious Serositis of Duck）又称鸭疫里氏杆菌病，原名鸭疫巴氏杆菌病，是鸭、鹅、火鸡和多种禽类的一种急性或慢性传染病。主要特征为共济失调、角弓反张等神经症状。本病常引起小鸭大批死亡和生长发育迟缓，造成很大的经济损失，是为害养鸭业的主要传染病之一。

（一）临床症状

最急性病例看不到明显症状就突然死亡。急性病例的多见于2~4周龄的小鸭，主要临床表现为嗜眠，缩颈或嘴抵地面，脚软弱，不愿走动或共济失调，不食或少食，眼、鼻有浆液或黏液性分泌物，眼周围羽毛被粘湿形成"眼圈"；粪便稀薄，呈绿色或黄色。濒死时出现神经症状，如痉挛、摇头或点头，背脖和两腿伸直呈角弓反张状，不久抽搐死亡。病程一般为1~3天，幸存者生长缓慢。

亚急性或慢性病例，多发生于4~7周龄较大的鸭，病程可在1周以上。主要表现为精神沉郁，不食或少食。腿软，卧地不起。羽毛粗乱，进行性消瘦，或呼吸困难。少数病例出现脑膜炎的症状，表现斜颈、转圈或倒退，但仍能采食并存活。

（二）防治

消除发病的诱因。避免鸭只饲养密度过大，注意通风和防寒，使用柔软干燥的垫料，并勤换垫料。实行"全进全出"的饲养管理制度，出栏后应彻底消毒，并空舍2~4周。

经常发生本病的鸭场，可在本病易感日龄使用敏感药物进行预防。

适时接种疫苗。我国已研制出油佐剂灭活菌苗和氢氧化铝灭活菌苗，在 7~10 日龄一次注射即可。由于本菌血清型较多，且易发生变异，所以，制苗时最好针对流行菌株的血清型制成自家灭活菌苗。

药物防治是控制发病与死亡的一项重要措施，常以氟苯尼考作为首选药物，也可使用喹诺酮类、氨苄青霉素、丁胺卡那、头孢噻呋、利福平等。本菌极易产生耐药性，应通过药敏试验选择敏感药物进行治疗，同时各种抗菌药物应交替使用，以免耐药菌株的出现。

第九章 家禽场的经营与管理

第一节 成本分析

生产成本分析就是把养禽场为生产产品所发生的各项费用，按用途、产品进行汇总、分配，计算出产品的实际总成本和单位产品的成本的过程。

一、家禽生产成本的构成

家禽生产成本一般分为固定成本和可变成本两大类。

固定成本由固定资产（养禽企业的房屋、禽舍、饲养设备、运输工具、动力机械、生活设施、研究设备等）折旧费、土地税、基建贷款利息等组成，在会计账面上称为固定资金。特点是使用期长，以完整的实物形态参加多次生产过程；并可以保持其固有物质形态。随着养禽生产不断进行，其价值逐渐转入到禽产品中，并以折旧费用方式支付。全部固定成本除上述设备折旧费用外，还包括土地税、利息、工资、管理费用等。固定成本费用必须按时支付，即使禽场不养禽，只要这个企业还存在，都得按时支付。

可变成本是养禽场在生产和流通过程中使用的资金，也称为流动资金，可变成本以货币表示。其特点是仅参加一次养禽生产过程即被全部消耗，价值全部转移到禽产品中。可变成本包括饲料、兽药、疫苗、燃料、能源、临时工工资等支出。它随生产规模、产品产量而变化。

在成本核算账目计入中，以下几项必须放入账中：工资、饲料费用、兽医防疫费、能源费、固定资产折旧费、种禽摊销费、低值易耗品费、管理费、销售费、利息等。

从成本分析的结果可以看出，提高养禽企业的经营效果，除了市场价格这一不由企业决定的因素外，成本控制则应完全由企业控制。从规模化、集约化养禽的生产实践看，首先应降低固定资产折旧费，尽量提高饲料费用在总成本中所占比重，提高每只禽的产蛋量、活重和降低死亡率，其次是料蛋价格比、料肉价格比控制全成本。

二、生产成本支出项目的内容

根据家禽生产特点，禽产品成本支出项目的内容，按生产费用的经济性质，分直接生产费用和间接生产费用两大类。

（一）直接生产费用

直接生产费用即直接为生产禽产品所支付的开支。具体项目如下。

（1）工资和福利费指直接从事养鸡生产人员的工资、津贴、奖金、福利等。

（2）疫病防治费指用于鸡病防治的疫苗、药品、消毒剂和检疫费、专家咨询费等。

（3）饲料费指鸡场各类鸡群在生产过程中实际耗用的自产和外购的各种饲料原料、预混料、饲料添加剂和全价配合饲料等的费用，自产饲料一般按生产成本（含种植成本和加工成本）进行计算，外购的按买价加运费计算。

（4）种鸡摊销费指生产每千克蛋或每千克活重所分摊的种鸡费用。

种鸡摊销费（元/kg）＝（种鸡原值–种鸡残值）/每只鸡

产蛋重（kg）

（5）固定资产修理费是为保持鸡舍和专用设备的完好所发生的一切维修费用，一般占年折旧费的5%～10%。

（6）固定资产折旧费指鸡舍和专用机械设备的折旧费。房屋等建筑物一般按10～15年折旧，鸡场专用设备一般按5～8年折旧。

（7）燃料及动力费指直接用于养鸡生产的燃料、动力和水电费等，这些费用按实际支出的数额计算。

（8）低值易耗品费用指低价值的工具、材料、劳保用品等易耗品的费用。

（9）其他直接费用凡不能列入上述各项而实际已经消耗的直接费用。

（二）间接生产费用

间接生产费用即间接为禽产品生产或提供劳务而发生的各种费用。包括经营管理人员的工资、福利费；经营中的办公费、差旅费、运输费；季节性、修理期间的停工损失等。这些费用不能直接计入到某种禽产品中，而需要采取一定的标准和方法，在养禽场内各产品之间进行分摊。

除了上述两项费用外，禽产品成本还包括期间费。所谓期间费就是养禽场为组织生产经营活动发生的、不能直接归属于某种禽产品的费用。包括企业管理费、财务费和销售费用。企业管理费、销售费是指鸡场为组织管理生产经营、销售活动所发生的各种费用。包括非直接生产人员的工资、办公、差旅费和各种税金、产品运输费、产品包装费、广告费等。财务费主要是贷款利息、银行及其他金融机构的手续费等。按照我国新的会计制度，期间费用不能进入成本，但是养鸡场为了便于各群鸡的成本核算，便于横向比较，都把各种费用列入来计算单位产品的成本。

以上项目的费用，构成禽场的生产成本。计算禽场成本就是按照成本项目进行的。产品成本项目可以反映企业产品成本的结构，通过分析考核找出降低成本的途径。

三、生产成本的计算方法

生产成本的计算是以一定的产品对象，归集、分配和计算各种物料的消耗及各种费用的过程。养鸡场生产成本的计算对象一般为种蛋、种雏、肉仔鸡和商品蛋等。

（一）种蛋生产成本的计算

每枚种蛋成本＝（种蛋生产费用－副产品价值）/入舍种禽出售种蛋数

种蛋生产费为每只入舍种鸡从入舍至淘汰期间的所有费用之和。种蛋生产费包括种禽育成费、饲料费、人工费、房舍与设备折旧费、水电费、医药费、管理费、低值易耗品费等。副产品价值包括期内淘汰鸡、期末淘汰鸡、鸡粪等的收入。

（二）种雏生产成本的计算

种雏只成本＝（种蛋费+孵化生产费－副产品价值）/出售种雏数

孵化生产费包括种蛋采购费、孵化生产过程的全部费用和各种摊销费、雌雄鉴别费、疫苗注射费、雏鸡发运费、销售费等。副产品价值主要是未受精蛋、毛蛋和公雏等的收入。

（三）雏禽、育成禽生产成本的计算

雏禽、育成禽的生产成本按平均每只每日饲养雏禽、育成禽费用计算。

雏禽（育成禽）饲养只日成本＝（期内全部饲养费－副产品价值）/期内饲养只日数（育成期内饲养只数与天数相乘）

期内饲养只日数＝期初只数×本期饲养日数+期内转入只

数×从转入至期末日数-死淘鸡只数×死淘日至期末日数

期内全部饲养费用是上述所列生产成本核算内容中 9 项费用之和，副产品价值是指禽粪、淘汰禽等项收入。雏禽（育成禽）饲养只日成本直接反映饲养管理的水平。饲养管理水平越高，饲养只日成本就越低。

（四）肉仔鸡生产成本的计算

每千克肉仔鸡成本＝（肉仔鸡生产费用-副产品价值）／出栏肉仔鸡总重（kg）

每只肉仔鸡成本＝（肉仔鸡生产费用-副产品价值）/出栏肉仔鸡只数

肉仔鸡生产费用包括入舍雏鸡鸡苗费与整个饲养期其他各项费用之和，副产品价值主要是鸡粪收入。

（五）商品蛋生产成本的计算

每千克鸡蛋成本＝（蛋鸡生产费用-副产品价值）/入舍母鸡总产蛋量（kg）

蛋鸡生产费用指每只入舍母鸡从入舍至淘汰期间的所有费用之和。

第二节　制订生产计划

生产计划是一个禽场全年生产任务的具体安排。制订生产计划要尽量切合实际，才能很好地指导生产、检查进度、了解成效，并使生产计划完成和超额完成的可能性更大。

一、生产计划制订的依据

任何一个养鸡场必须有详尽的生产计划，用以指导禽生产的各环节。养禽生产的计划性、周期性、重复性较强，不断修订、完善的计划，可以促使生产效益大大提高。制订生产计划常依据下面几个因素。

（一）生产工艺流程

制订养禽生产计划，必须以生产流程为依据。生产流程因企业生产的产品不同而异。综合性鸡场，从孵化开始，育雏、育成、蛋鸡以及种鸡饲养，完全由本场解决。各鸡群的生产流程顺序，蛋鸡场为：种鸡（舍）→种蛋（室）→孵化（室）→育雏（舍）→育成（舍）→蛋鸡（舍）。肉鸡场的产品为肉用仔鸡，多为全进全出生产模式。为了完成生产任务，一个综合性鸡场除了涉及鸡群的饲养环节外，还有饲料的贮存、运送，供电、供水、供暖，兽医防治对病死鸡的处理，粪便、污水的处理，成品贮存与运送，行政管理和为职工提供必备生活条件。一个养鸡场总体流程为料（库）→鸡群（舍）→产品（库）；另外一条流程为饲料（库）→鸡群（舍）→粪污（场）。

不同类型的养鸡场生产周期日数是有差别的。如饲养地方鸡种，其各阶段周转的日数与现代鸡种差异更大，地方鸡种生产周期日数长，而现代鸡种生产周期日数短得多。

（二）经济技术指标

各项经济技术指标是制订计划的重要依据。制订计划时可参照饲养管理手册上提供的指标，并结合本场近年来实际达到的水平，特别是最近一两年来正常情况下场内达到的水平，这是制订生产计划的基础。

（三）生产条件

将当前生产条件与过去的条件对比，主要在房舍设备、家禽品种、饲料和人员等方面比较，看有否改进或倒退，根据过去的经验，酌情确定新计划增减的幅度。

（四）创新能力

采用新技术、新工艺或开源节流、挖掘潜力等可能增产的方法。

（五）经济效益

制度效益指标常低于计划指标，以保证承包人有产可超。也可以两者相同，提高超产部分的提成，或适当降低计划指标。

二、产品生产计划的制订

不同经营方向的养禽场其产品也不一样，如肉鸡场的主产品是肉鸡，联产品是淘汰种鸡，副产品是鸡粪；蛋鸡场的主产品是鸡蛋，联产品和副产品与肉鸡场相同。

产品生产计划应以主产品为主。如肉鸡以进雏鸡数的育成率和出栏时的体重进行估算；蛋鸡则按每饲养日即每只鸡日产蛋重（g）估算出每日每月产蛋总重量，按产蛋重量制订出鸡蛋产量计划。基本指标是按每饲养日即每只鸡日产蛋重（g），计算出每只每月产蛋重量，按饲养日计算每只鸡产蛋数，按笼位计算每鸡位产蛋数。有了这些数据就可以计算出每只鸡产蛋个数和产蛋率。产蛋计划可根据月平均饲养产蛋母鸡数和历年的生产水平，按月规定产蛋率和各月产蛋数。

制订种鸡场种蛋生产计划步骤方法如下。

（1）根据种鸡的生产性能和鸡场的生产实际确定月平均产蛋率和种蛋合格率。

（2）计算每月每只鸡产蛋量和每月每只产种蛋数。

每月每只鸡产蛋量＝月平均产蛋率×本月天数

每月每只鸡产种蛋数＝每月每只产蛋量×月平均种蛋合格率

（3）根据种鸡群周转计划中的月平均饲养母鸡数，计算月产蛋量和月产种蛋数。

月产蛋量＝每月每只鸡产蛋量×月平均饲养母鸡只数

月产种蛋数＝每月每只鸡产种蛋数×月平均饲养母鸡只数

三、种禽场的孵化计划

种鸡场应根据本场的生产任务和外销雏鸡数，结合当年饲养品种的生产水平和孵化设备及技术条件等情况，并参照历年孵化成绩，制订全年孵化计划。

（1）根据种鸡场孵化成绩和孵化设备条件确定月平均孵化率。

（2）根据种蛋生产计划，计算每月每只母鸡提供雏鸡数和每月总出雏数。

每月每只母鸡提供雏鸡数＝平均每只产种蛋数×平均孵化率

每月总出雏数＝每月每只母鸡提供雏鸡数×月平均饲养母鸡数

四、饲料供应计划的制订

饲料是进行养禽生产的基础。饲料计划一般根据每月各组禽数乘以各组禽的平均采食量，求出各个月的饲料需要量，根据饲料配方中各种饲料原料的配合比例，算出每月所需各种饲料原料的数量。每个禽场年初都必须制订所需饲料的数量和比例的详细计划，防止饲料不足或比例不稳而影响生产的正常进行。目的在于合理利用饲料，既要喂好禽，又要获得良好的生产性能，节约饲料。

饲料费用一般占生产总成本的 65%~75%，所以在制订饲料计划时要特别注意饲料价格，同时又要保证饲料质量。饲料计划应按月制订。不同品种和日龄的禽所需饲料量是不同的。

第三节 经济效益分析

一、禽场经济效益分析的方法

经济效益分析是对生产经营活动中已取得的经济效益进行事后的评价。一是分析在计划完成过程中，是否以较少的资金占用和生产耗费，取得较多的生产成果；二是分析各项技术措施和管理方案的实际成果，以便发现问题，查明原因，提出切实可行的改进措施和实施方案。经济效益分析法一般有对比分析法、因素分析法、结构分析法等，养鸡场常用的方法是对比分析法。

对比分析法又叫比较分析法，它是把同种性质的两种或两种以上的经济指标进行对比，找出差距，并分析产生差距的原因，进而研究改进的措施。比较时可利用以下方法。

（1）采用绝对数、相对数或平均数，将实际指标与计划指标相比较，以检查计划执行情况，评价计划的优劣，分析其原因，为制订下期计划提供依据。

（2）将实际指标与上期指标相比较，找出发展变化的规律，指导以后的工作。

（3）将实际指标与条件相同的经济效益最好的鸡场相比较，来反映在同等条件下所形成的各种不同经济效果及其原因，找出差距，总结经验教训，以不断改进和提高自身的经营管理水平。

采用比较分析法时，必须注意进行比较的指标要有可比性，即比较时各类经济指标在计算方法、计算标准、计算时间上必须保持一致。

二、提高禽场经济效益的措施

（一）科学决策

在广泛市场调查的基础上，分析各种经济信息，结合禽场内部条件如资金、技术、劳动力等，作出经营方向、生产规模、饲养方式、生产安排等方面的决策，以充分挖掘内部潜力，合理使用资金和劳力，提高劳动生产率，最终实现经济效益的提高。正确地经营决策可收到较高的经济效益，错误的经营决策就能导致重大经济损失甚至破产。如生产规模决策，规模大，能形成高的规模效益，但过大，就可能超出自己的管理能力，超出自己的资金、设备等的承受能力，顾此失彼，得不偿失；过小，则不利于现代设备和技术的利用，形不成规模，难以得到大的收益。养禽企业决策人，如果能较正确地预测市场，就能较正确地作出决策，给企业带来较好的效益。要作出正确的预测，应收集大量的与养殖业有关的信息，如市场需求、产品价格、饲料价格、疫情、国家政策等方面的信息。

1. 经营类型与方向

建设家禽养殖场之前，要进行认真、细致而广泛的市场调研，对取得的各种信息进行筛选、分析，结合投资者自己的资源如资金、人才、技术等因素详细论证，作出经营类型与方向、规模大小、饲养方式、生产安排等方面的综合决策，以充分挖掘各种潜力，合理使用资金和劳动力，提高劳动生产效率，最终提高经济效益。正确的经营决策能获得较好的经济效益，错误的经营决策可能导致重大经济损失，甚至导致企业无法经营下去。

（1）种禽场。市场区域广大、技术力量雄厚、营销能力强、有一定资金实力的地方可以考虑投资经营种禽场，甚至考虑代次较高的种禽场，条件稍差的就只能经营父母代种禽场。因为海拔较高的地方孵化率有可能下降，所以在海拔高于2 000m 的地方投资经营种禽场要慎重考虑。

（2）商品场。饲料价格相对较低、销售畅通的地方可以考虑投资经营商品场。一般来说，蛋禽场的销售范围比肉禽场的要大一些，能进行深加工和出口的企业销售范围更大。还要考虑各地方消费习惯和不同民族风俗习惯，例如，我国南方和香港及澳门市场上，黄羽优质中小型鸡和褐壳蛋比较受欢迎，而西南中小城市和农村市场上，红羽优质中大型鸡和粉壳蛋比较受欢迎。

（3）综合场。一般一个家禽场只经营一个品种、一个代次的家禽。对于规模较大、效益比较好的企业，也可以经营多个禽种、多个品种、多代次的综合场，各场要严格按卫生防疫的要求进行设计和经营管理，还可以向上下游延伸，形成一个完整的产业链，一体化经营，经济效益会更好。

2. 适度规模

市场容量大的地方，适度规模经营的效益最好。规模过大，经营管理能力和资金跟不上，顾此失彼，得不偿失；规模过小，技术得不到充分发挥，也难以取得较大的效益，就不可能抓住机遇扩大再生产，占领市场。市场容量小的地方，按市场的需求来生产，如果盲目扩大生产，市场就会有被冲垮的危险。

3. 合理布局

家禽场的类型与规模决定以后，就要按有利于生产经营管理和卫生防疫的要求进行规划布局，一次到位最好，尽量避免不必要的重建、拆毁，严禁边设计、边建设、边生产的"三边"工程。

4. 优化设计

家禽场要按所饲养的家禽的生物学特性和生产特点的要求，对工艺流程设计进行严格可行性研究，选择最优的设计方案，采购相应的设备，最好选用定型、通用设备。如果设计不合理，家禽的生产性能就不能正常发挥。

5. 投资适当

要把有限的资金用在最需要的地方，避免在基本建设上投资过大，以减少成本折旧和利息支出。在可能的情况下，房屋与设施要尽量租用，这一点对小企业和初创企业尤其重要。在劳动力资源丰富的地方，使用设备不一定要非常自动化，以减少每个笼位的投资；相反，则要尽量使用机械设备，以降低劳动力开支。

6. 使用成熟的技术

在农业产业中，家禽养殖是一个技术含量相对较高的行业。特别是规模化养禽业，对饲养管理、疫病防治的技术支持要求很高，稍不注意就会影响家禽生产性能的发挥，甚至造成严重的经济损失。因此，要求家禽饲养场使用成熟的成套集成技术，包括新技术。不允许使用不成熟的或探索性的技术。当然，随着饲养规模的扩大和经济效益的提高，适当开展一些研发也很有必要。

7. 合理使用人才

人才在企业经营管理中占有重要地位。可以说，经营管理就是一门选人与用人的艺术。只有建立和培养出一支团结稳定、能征善战、吃苦耐劳、能打硬仗的职工队伍，企业才具备盈利的基础。大多数家禽场都建在远郊或城郊结合部，生活环境枯燥、工作环境较差、劳动强度大，选择与使用合适的人才、稳定职工队伍有一定的难度。对于重要的关键岗位、培训成本较大的岗位、技术含量高的岗位要用高福利、股权激励等措施培养并留住人才。对于临时性的岗位、变化较大的岗位，可以选择合同工、临时工。企业发展壮大以后，要形成选人用人的文化氛围，依靠管理制度来选人用人、团结稳定人才，企业才会取得更好的效益。

8. 良好的形象与品牌

在养禽场的生产经营过程中，要通过提高产品质量、加强售后服务工作，使顾客高兴而来满意而去，让顾客对你的产品买前有信心，买时放心，买后舒心；要通过必要的宣传广告及一定的社会工作来提高企业的形象，形成一个良好的品牌。

9. 安全生产

一个企业如果经常出各种安全事故，就不能正常生产经营，也就谈不上提高经济效益。所以，企业必须安全生产，也只有安全才能生产。家禽养殖场必须根据自己的生产特点，制定各种生产安全操作规程和制度，包括产品安全制度，并要严格督促执行，且落实责任到个人。要定期不定期地巡查各个安全生产责任点，及时发现和解决存在的各种安全隐患，并制定相应的预案或处置措施。平时要组织职工学习各种安全操作规程和制度，并定期演练各种预案或处置措施，以防患于未然。

10. 充分利用社会资源

由人和动物及各种生产管理因素组成的家禽养殖场必然要生存在一定的社会系统中，成为社会的一分子。它为社会作出贡献的同时，也必然要给社会带来各种各样的影响，有时可能还会暴发比较激烈的冲突，影响家禽养殖场的经济效益。所以，家禽企业必须主动适应社会、融入社会、承担相应的社会责任和义务，协调好周围的一切社会关系。对有利于提高企业经济效益的社会资源要加以充分利用，对不利于提高企业经济效益的要主动协调，提早化解，争取变被动为主动。

（二）提高产品产量

提高产品产量是企业获利的关键。养禽场提高产品产量要做好以下几方面的工作。

1. 饲养优良禽种

品种是影响养禽生产的第一因素。不同品种的禽生产方向、生产潜力不同。在确定品种时必须根据本场的实际情况，选择适合自己饲养条件、技术水平和饲料条件的品种。

2. 提供优质的饲料

应按禽的品种、生长或生产各阶段对营养物质的需求，供给全价、优质的饲料，以保证禽的生产潜力充分发挥。同时也要根据环境条件、禽群状况变化，及时调整日粮。

3. 科学的饲养管理

（1）创设适宜的环境条件。科学、细致、规律地为各类禽群提供适宜的温度、空气、光照和卫生条件，减少噪声、尘埃及各种不良气体的刺激。对凡是能引起及有碍禽群健康生长、生产的各种"应激"，都应力求避免和减轻至最低限度。

（2）采取合理的饲养方式。要根据自己的具体条件为不同生产用途的鸡，选择不同的饲养方式，以易于管理，有利防疫。同时饲养方式要接近禽的生活习性，以有利于禽的生产性能的充分发挥。

（3）采用先进的饲养技术。品种是根本，技术是关键。要及时采用先进的、适用的饲养技术，抓好各类禽群不同阶段的饲养管理，不能只凭经验，要紧紧跟上养禽业技术发展的步伐。

（4）适时更新禽群。母禽第一个产蛋年产量最高，以后每年递减15%~20%。禽场可以根据禽源、料蛋比、蛋价等决定适宜的淘汰时机，淘汰时机可以根据"产蛋率盈亏临界点"确定。同时，适时更新禽群，还能加快禽群周转，加快资产周转速度，提高资产利用率。

（5）重视防疫工作。养禽者往往重视突然的疫病，而不重视平时的防疫工作，造成死淘率上升，产品合格率下降，从而降低了产品产量、质量，增加了生产成本。因此，禽场必须制定科学的免疫程序，严格执行防疫制度，不断降低禽只死淘率，提高禽群的健康水平。

（三）降低生产成本

增加产出、降低投入是企业经营管理永恒的主题。养禽场要获取最佳经济效益，就必须在保证增产的前提下，尽可能减少消耗，节约费用，降低单位产品的成本。其主要途径如下。

1. 降低饲料成本

从养禽场的成本构成来看，饲料费用占生产总成本的70%左右，因此通过降低饲料费用来减少成本的潜力最大。

（1）降低饲料价格。在保证饲料全价性和禽的生产水平不受影响的前提下，配合饲料时要考虑原料的价格，尽可能选用廉价的饲料代用品，尽可能开发廉价饲料资源。如选用无鱼粉日粮，开发利用蚕蛹、蝇蛆、羽毛粉等。

（2）科学配合饲料。提高饲料的转化率。

（3）合理喂料。给料时间、给料次数、给料量和给料方式要讲究科学。

（4）减少饲料浪费。一是根据禽的不同生长阶段设计使用合理的料槽；二是及时断喙；三是减少贮藏损耗，防鼠害，防霉变，禁止变质或掺假饲料进库。

2. 减少燃料动力费

合理使用设备，减少空转时间，节约能源，降低消耗。

3. 正确使用药物

对禽群投药要及时、准确。在疫病防治中，能进行药敏实验的要尽量开展，能不用药的尽量不用，对无饲养价值的禽要及时淘汰，不再用药治疗。

4. 降低更新禽的培育费

（1）加强饲养管理及卫生防疫，提高育雏、育成率，降低禽只死淘摊损费。

（2）开展雌雄鉴别，实行公母分养，及早淘汰公禽，减少饲料消耗。

5. 合理利用禽粪

禽粪量大约相当于禽精料消耗量的 75%，禽粪含丰富的营养物质，可替代部分精料喂猪、养鱼，也可经干燥处理后做牛、羊饲料，增加禽场收入。

6. 提高设备利用率

充分合理利用各类鸡舍、各种机器和其他设备，减少单位产品的折旧费和其他固定支出。

（1）制定合理的生产工艺流程，减少不必要的空舍时间，尽可能提高禽舍、禽位的利用率。

（2）合理使用机械设备，尽可能满负荷运转，同时加强设备维护和保养，提高设备完好率。

7. 提高全员劳动生产率

全员劳动生产率反映的是劳动消耗与产值间的比率。全员劳动生产率提高，不仅能使禽场产值增加，也能使单位产品的成本降低。

（1）在非生产人员的使用上，要坚持能兼（职）则兼（职）、能不用就不用的原则，尽量减少非生产人员。

（2）对生产人员实行经济责任制。将生产人员的经济利益与饲养数量、产量、质量、物资消耗等具体指标挂钩，严格奖惩，调动员工的劳动积极性和主动性。

（3）加强职工的业务培训，提高工作的熟练程度，不断采用新技术、新设备等。

8. 搞好市场营销

市场经济是买方市场，养鸡要获得较高的经济效益就必须研究市场、分析市场，搞好市场营销。

（1）以信息为导向，迅速抢占市场。在商品经济日益发展的今天，市场需求瞬息万变，企业必须及时准确地捕捉信息，迅速采取措施，适应市场变化，以需定产，有需必供。同时，根据不同地区的市场需求差别，找准销售市场。

（2）树立"品牌"意识，扩大销售市场。养禽业的产品都是鲜活商品，有些产品如种蛋、种雏等还直接影响购买者的再生产，因此这些产品必须经得住市场的考验。经营者必须树立"品牌"意识，生产优质的产品，树立良好的商品形象，创造自己的名牌，把自己的产品变成活的广告，提高产品的市场占有率。

（3）实行产供加销一体化经营。随着养禽业的迅猛发展，单位产品利润越来越低，实行产、供、加、销一体化经营，可以减少各环节的经济损耗。但一体化经营对技术、设备、管理、资金等方面的要求很高，可以通过企业联手或共建养禽"合作社"等形式组成联合"舰队"，以形成群体规模。

（4）签订经济合同。在双方互惠互利的前提下，签订经济合同，正常履行合同。一方面可以保证生产的有序进行；另一方面又能保证销售计划的实施。特别是对一些特殊商品（如种雏），签订经济合同显得尤为重要，因为离开特定时间，其价值将消失，甚至成为企业的负担。

9. 健全管理制度

为了提高家禽场的管理水平，使在每个生产岗位的每个员工的生产操作与管理有据可依，应该为每个岗位制定相应的管理制度，使员工依章行事，也使管理人员依章检查和监督。

为了便于企业管理人员了解生产情况，要注意完善生产记录表，这些表格有日报表、周报表和月报表，记录表的内容要如实填写并上报管理部门。作为管理人员要根据报表数据了解生产过程是否正常并提出工作方案。各种记录表要作为生产档案进行分类、归档和保存。

参考文献

陈金雄.2012.畜禽生产技术［M］.北京：化学工业出版社.

黄仁录，郑长山.2011.蛋鸡标准化规模养殖图册［M］.北京：中国农业出版社.

闫民朝，王申锋.2013.养禽与禽病防治［M］.北京：中国农业大学出版社.

杨宁.2012.家禽生产学（第2版）［M］.北京：中国农业出版社.

赵聘，黄炎坤.2011.家禽生产技术［M］.北京：中国农业大学出版社.